Julien Backhaus

Bullshit Rules

50 Regeln, die Sie brechen müssen, um Erfolg zu haben

FBV

Bibliografische Information der Deutschen Nationalbibliothek
Die Deutsche Nationalbibliothek verzeichnet diese Publikation in der Deutschen Nationalbibliografie. Detaillierte bibliografische Daten sind im Internet über http://dnb.d-nb.de abrufbar.

Für Fragen und Anregungen:
info@finanzbuchverlag.de

Originalausgabe,
2. Auflage 2021

© 2021 by FinanzBuch Verlag, ein Imprint der
Münchner Verlagsgruppe GmbH
Türkenstraße 89
80799 München
Tel.: 089 651285-0
Fax: 089 652096

Alle Rechte, insbesondere das Recht der Vervielfältigung und Verbreitung sowie der Übersetzung, vorbehalten. Kein Teil des Werkes darf in irgendeiner Form (durch Fotokopie, Mikrofilm oder ein anderes Verfahren) ohne schriftliche Genehmigung des Verlages reproduziert oder unter Verwendung elektronischer Systeme gespeichert, verarbeitet, vervielfältigt oder verbreitet werden.

Redaktion: Rainer Weber
Umschlaggestaltung: Marc-Torben Fischer
Umschlagabbildung: Oliver Reetz
Satz: Christiane Schuster | www.kapazunder.de
Druck: CPI books GmbH, Leck
Printed in Germany

ISBN Print 978-3-95972-489-0
ISBN E-Book (PDF) 978-3-96092-926-0
ISBN E-Book (EPUB, Mobi) 978-3-96092-927-7

Weitere Informationen zum Verlag finden Sie unter
www.finanzbuchverlag.de
Beachten Sie auch unsere weiteren Verlage unter www.m-vg.de

INHALT

EIN PAAR WORTE ZU BEGINN 7

BULLSHIT RULE #1
ABWARTEN UND TEE TRINKEN 10

BULLSHIT RULE #2
ACHTE AUF DEINE SPRACHE 12

BULLSHIT RULE #3
BLEIBE IMMER BEI DER WAHRHEIT 14

BULLSHIT RULE #4
DAS STREBEN NACH MACHT IST GEFÄHRLICH 16

BULLSHIT RULE #5
DENKE LANGFRISTIG 18

BULLSHIT RULE #6
DENKE POSITIV 20

BULLSHIT RULE #7
DIE KINDER SOLLEN ES BESSER HABEN 22

BULLSHIT RULE #8
DU MUSST MIT DER ZEIT GEHEN 24

BULLSHIT RULE #9
EIGENLOB STINKT 26

BULLSHIT RULE #10
EINE NACHT DARÜBER SCHLAFEN 28

BULLSHIT RULE #11
GELD MACHT NICHT GLÜCKLICH 30

BULLSHIT RULE #12
GESUNDHEIT IST DAS WICHTIGSTE 32

BULLSHIT RULE #13
GIB NIEMALS AUF! 34

BULLSHIT RULE #14
HALTE DEIN GELD ZUSAMMEN 36

BULLSHIT RULE #15
HALTE DICH IMMER AN DIE GESETZE 38

BULLSHIT RULE #16
HAND DRAUF! 40

BULLSHIT RULE #17
HÖRE AUF MENSCHEN MIT LEBENSERFAHRUNG 42

BULLSHIT RULE #18
KEINE WIDERWORTE! 44

BULLSHIT RULE #19
KENNE DEINEN PREIS 46

BULLSHIT RULE #20
KÜMMERE DICH UM DEINE EIGENEN ANGELEGENHEITEN ... 48

BULLSHIT RULE #21
LEBE NICHT IN EINER FANTASIEWELT 50

BULLSHIT RULE #22
MACH DICH NICHT LÄCHERLICH 52

BULLSHIT RULE #23
MACH KEINEN FEHLER ZWEIMAL 54

BULLSHIT RULE #24
MAN KANN ALLES LERNEN 56

BULLSHIT RULE #25
MAN KANN IM LEBEN NICHT ALLES HABEN 58

BULLSHIT RULE #26
NICHT ÜBERHEBLICH SEIN 60

BULLSHIT RULE #27
NIMM DIE ABKÜRZUNG 62

BULLSHIT RULE #28
REDE NUR, WENN DU GEFRAGT WIRST 64

BULLSHIT RULE #29
SCHALTE DEINEN VERSTAND EIN 66

BULLSHIT RULE #30
SCHUSTER, BLEIB BEI DEINEM LEISTEN 68

BULLSHIT RULE #31
SCHWIMME GEGEN DEN STROM 70

BULLSHIT RULE #32
SEI DOCH MAL ZUFRIEDEN 72

BULLSHIT RULE #33
SEI IMMER HÖFLICH 74

BULLSHIT RULE #34
SEI NICHT SO FORDERND 76

BULLSHIT RULE #35
SEI NICHT SO SELBSTVERLIEBT 78

BULLSHIT RULE #36
SEI NICHT VOREINGENOMMEN 80

BULLSHIT RULE #37
SEI ZUR RICHTIGEN ZEIT AM RICHTIGEN ORT 82

BULLSHIT RULE #38
SETZE DIR REALISTISCHE ZIELE 84

BULLSHIT RULE #39
SPIELE NICHT MIT DEN GEFÜHLEN ANDERER 86

BULLSHIT RULE #40
STECK DEIN EGO IN DIE TASCHE 88

BULLSHIT RULE #41
STEH IMMER ZU DEINEN ÜBERZEUGUNGEN 90

BULLSHIT RULE #42
SUCHE DIR VORBILDER 92

BULLSHIT RULE #43
TALENT SETZT SICH DURCH 94

BULLSHIT RULE #44
TU, WAS DEIN JOB VON DIR VERLANGT 96

BULLSHIT RULE #45
VERGISS NIE, WO DU HERKOMMST 98

BULLSHIT RULE #46
   VERLIERE DICH NICHT IN DETAILS 100

BULLSHIT RULE #47
   VERMEIDE FEHLER 102

BULLSHIT RULE #48
   WENN DU WILLST, DASS ES ERLEDIGT WIRD, MACH ES SELBST 104

BULLSHIT RULE #49
   WIEDERHOLUNG FÜHRT ZUR MEISTERSCHAFT 106

BULLSHIT RULE #50
   ZEIGE KEINE SCHWÄCHE 108

EIN PAAR WORTE ZUM SCHLUSS 110

ERFOLGSMENSCHEN ALS »REGELBRECHER«
   HERMANN SCHERER 112
   JÖRG LÖHR 113
   İLKAY ÖZKISAOĞLU 114
   PROF. DR. OLIVER POTT 115
   DR. DR. RAINER ZITELMANN 116
   ANDREAS BUHR 117
   HARALD GLÖÖCKLER 118
   DIRK KREUTER 119
   LORENZO SCIBETTA 119
   FELIX THÖNNESSEN 120
   FRANZISKA MÜLLER 121
   TOBIAS BECK 122
   ROGER RANKEL 122
   PATRICIA STANIEK 123
   RAYK HAHNE 124
   BODO SCHÄFER 125
   MICHAEL EHLERS 126
   MARCEL REMUS 127
   DOMINIK GOERKE 128

EIN PAAR WORTE ZU BEGINN

Willkommen in der Welt der schwachsinnigen Regeln und vorgeblichen Lebensweisheiten. Nicht wenige lassen sich von ihnen durchs Leben leiten, denn wir wachsen mit ihnen auf. Schon im Säuglingsalter und obwohl wir die menschliche Sprache noch gar nicht verstehen, bläut man uns die ersten dümmlichen Regeln und Verhaltensweisen ein. Was bleibt Ihnen als Baby anderes übrig, als zu brüllen, wenn Sie eigentlich sagen wollen: »Ich habe einen scheiß Hunger und wenn ich nicht gleich was zu essen bekomme, drehe ich durch.« Und schon kontert man Ihr berechtigtes Geschrei mit einer Bullshit Rule: »Sei nicht so fordernd!« (vielleicht auch kindgerechter formuliert). Sie verstehen natürlich kein Wort, aber keine Sorge, Sie werden diesen Satz noch Tausende Male hören – noch bevor Sie lernen, Ihre Schuhe selbst zu binden. Und bei dieser Regel bleibt es nicht. Tatsächlich werden wir in den ersten Jahren unseres Lebens mit ungeheuer vielen unsinnigen Regeln, Aufforderungen und Feststellungen konfrontiert, die unser Leben limitieren, ohne dass wir es bemerken. Ich nenne sie »Bullshit Rules«. Und es hört niemals auf. Es gibt viele solcher »Regeln«, die uns unser Leben lang begleiten und unseren Erfolg minimieren. In diesem Buch möchte ich Ihnen 50 »Klassiker« ins Gedächtnis rufen – keiner wird Ihnen fremd sein – und Sie dazu ermutigen, jede einzelne dieser Bullshit Rules zu brechen.

Vielleicht haben Sie sich schon mal gefragt, warum es Menschen gibt, denen scheinbar alles gelingt. Sie sind erfolgreich, glücklich und verdienen einen Haufen Geld. Was machen diese Leute anders? Die Antwort lautet: Sie hinterfragen »Regeln« und halten sich nicht an die unsinnigen.

Nun gibt es natürlich zwei Typen von Menschen. Auf der einen Seite gibt es die rebellischen Typen, die sich von Natur aus nicht gerne an Regeln halten oder sie zumindest so lange hinterfragen, bis sie wissen, woran sie sind. Und ja, diesen Menschen gelingt der Erfolg immer auch etwas leichter. Auf der anderen Seite gibt es die Menschen, die an Regeln ohne Wenn und Aber glauben und denen es besonders schwerfällt, sie infrage zu stellen, geschweige denn zu brechen. Wenn Sie zu dieser Gruppe gehören, wird Ihnen dieses Buch helfen. Denn wir betrachten gemeinsam »Lebensleitlinien« aus mehreren Blickwinkeln und hinterfragen die Logik, die ihnen zugrunde liegt. Dabei wird schnell klar, wie unsinnig die Regeln, die ich hier vorstelle, eigentlich sind und dass sie eine schädliche Wirkung auf unsere Entwicklung im Leben haben. Hier gebe ich Ihnen eine sinnvolle Regel: Wenn Sie merken, dass Ihr Pferd tot ist, steigen Sie ab. Was so viel bedeutet wie: Wenn etwas keinen Sinn ergibt, hören Sie auf damit.

Bei alledem gilt immer eine Grundregel (schon wieder eine Regel): Sie sind der Boss. Der Einzige, der Macht über Ihr Leben ausüben darf, sind Sie selbst. Machen Sie doch, was Sie wollen! Wenn Sie an schwachsinnige Regeln glauben wollen, ist das ja Ihr Problem. Hey, denken Sie jetzt vielleicht: Zügle deine Zunge! Nein, werde ich nicht. Denn das ist wieder so eine Regel, die wir in diesem Buch zerlegen. Ich habe nämlich meine eigene Regel: Ich vertrete meinen Standpunkt und entschuldige mich nicht dafür.

Somit sind alle Erörterungen in den folgenden kleinen Kapiteln nur eine Einladung. Sie entscheiden, was Sie daraus machen. Aber selbst, wenn Ihnen nur einige der Argumentationen logisch erscheinen und Sie daraufhin etwas verändern, kann sich Ihr Erfolg vervielfachen.

Ist das alles nur Hypothese oder lässt sich das auch beweisen? Sind wir erfolgreicher, wenn wir Regeln brechen? Vor über 15 Jahren habe ich begonnen, dieser Frage auf den Grund zu gehen, und seit über 10 Jahren beschäftige ich mich beruflich mit den Erfolgsprinzipien der Super-Erfolgreichen. Als Medienmacher treffe ich viele Ausnahmepersönlichkeiten: berühmte Hollywood-Schauspieler, Megastars im Musikgeschäft, Sportlegenden, Staatschefs, Milliardäre und Entertainer. Und immer wieder, wenn ich mich mit ihnen unterhielt und sie besser kennenlernte, musste ich feststellen, dass sie vor allem deshalb so erfolgreich geworden sind, weil sie sich kaum an Regeln halten. Zumindest nicht an die, die der Gesellschaft eingebläut werden, um brave Bürger zu erziehen. Man soll nicht überheblich sein, auf seine Sprache achten, Fehler vermeiden und realistische Ziele setzen. An all diese Bullshit-Regeln glauben Super-Erfolgreiche nicht. Arnold Schwarzenegger, den ich 2018 in München traf, hat mich motiviert, dieses Buch zu schreiben. Denn eine seiner sechs Erfolgsregeln lautet: Break the Rules. Und ich kann nur hoffen, dass Sie ernsthaft mit den hier vorgestellten Rules ins Gericht gehen, die bisher einen großen Teil Ihres Lebens bestimmt haben.

BULLSHIT RULE #1
ABWARTEN UND TEE TRINKEN

Diesen Rat hat sich während ihrer 16-jährigen Amtszeit Bundeskanzlerin Angela Merkel sehr zu Herzen genommen. Sie stand immer für den Status quo. Sie war eine Bewahrerin, keine Reformerin. Sogar von der Weltpresse wurde sie für ihre Beharrlichkeit und ihre Beständigkeit gefeiert. Radikalisierung, Wirtschaftsabschwung, Bildungsreform, Innovationsstau? Abwarten und Tee trinken. Die Wahrheit ist aber: Sie können heute nichts mehr bewahren, ohne es stetig zu verbessern, zu vergrößern oder in welcher Form auch immer nach vorn zu bringen.

Die Welt bewegt sich heute schneller denn je. Das ist mittlerweile nicht mehr nur eine Metapher, sondern sie dreht sich tatsächlich schneller, fanden Wissenschaftler heraus.* Wenn es je eine Zeit gegeben hat, in der Abwarten ein probates Mittel war, sie ist definitiv vorbei. Wer heute den Anschluss verliert, sieht sich einer globalen Konkurrenz ausgeliefert, die nicht nur ein bisschen schneller, sondern um ein Vielfaches schneller ist. Während der Corona-Pandemie haben wir gelernt, was exponentielles Wachstum bedeutet. Aus vier mach acht, aus acht mach sechzehn. Ein Konkurrent, der uns gestern noch knapp auf den Fersen war, ist morgen nicht nur eine Nasenlänge voraus, sondern

---

* https://de.wikipedia.org/wiki/Erdrotation

bereits einen Kilometer. Und mit jedem Tag, der vergeht, verdoppelt sich sein Vorsprung. Das Sinnbild verdeutlicht uns, dass wir den Anschluss nicht nur vorübergehend, sondern dauerhaft verlieren. Besonders in der Bildung hat dies gravierende Folgen. Kinder, die heute schlecht ausgebildet werden, leiden ein ganzes Erwerbsleben unter der daraus folgenden Chancenungleichheit. Und damit wird letztlich auch die ganze Volkswirtschaft in Mitleidenschaft gezogen.

Die Vogel-Strauß-Taktik hat nie funktioniert und wird es auch künftig nicht. Die Augen vor der Realität zu verschließen und zu hoffen, dass es besser wird, ist naiv. Sie erreichen in einer globalisierten Welt sehr schnell den Punkt, ab dem ein Aufholen schlicht nicht mehr möglich ist. Ihre Konkurrenz hat Sie für alle Zeit hinter sich gelassen. Für Ihren Tee, den Sie doch so gerne beim Abwarten getrunken haben, müssen Sie dann doppelt so viel bezahlen. Obwohl Sie jetzt weniger verdienen. Das kurzfristige Aufschieben wird Sie langfristig einen hohen Preis kosten. Warten Sie nicht. Handeln Sie. ■

BULLSHIT RULE #2
ACHTE AUF DEINE SPRACHE

Unsere Sprache – damit sind hier Eigenheiten wie Stil, Akzent, Dialekt und dergleichen gemeint, nicht die Landessprache als solche – ist ein Ausdruck unserer individuellen Persönlichkeit. In der Regel ist sie ein Anzeichen für unsere Überzeugungen, unseren Charakter und unsere Herkunft. Sie sollten das nicht verleugnen. Sie dürfen sich niemals dafür schämen, wer Sie sind. Hören Sie manchmal Politiker sprechen und denken sich dabei: »Was ist nur mit dem? So redet doch niemand?« Sie haben recht, so redet niemand, der sich selbst treu ist. So redet jemand, der gelernt hat, sich zu verstellen.

Sollte Ihnen jemand raten, mehr auf Ihre Sprache oder Aussprache zu achten, will er damit wahrscheinlich erreichen, dass Sie sich besser in die Gruppe einfügen. Die Aufgabe der eigenen Individualität und Wahrhaftigkeit ist aber ein großer Preis für ein Leben im Mittelmaß. Persönlichkeiten wie Andy Warhol, Coco Chanel oder Arnold Schwarzenegger haben sich ihre Spracheigenheiten nie verbieten lassen. Ganz im Gegenteil. Sie haben ihre offene und manchmal seltsame Art zu sprechen gezielt genutzt, um sich von der Masse abzuheben. Das verlieh ihren Botschaften umso mehr Gewicht. Sie wurden deshalb zu so erfolgreichen Figuren, weil sie keinen Hehl daraus machten, wer sie sind.

Es gibt natürlich auch hier eine mögliche Konsequenz, die viele scheuen. Wer nicht bereit ist, sich anzupassen, kann von einer Gruppe ausgeschlossen werden. Denken Sie nur an die drei genannten Persönlichkeiten Warhol, Chanel und Schwarzenegger. Sie galten zu Beginn ihrer Karrieren als Außenseiter. Schwarzenegger wurde ständig für verrückt erklärt. Erst, als er mit seinem österreichischen Akzent Schauspieler in Hollywood werden wollte, und später, als er sich für den Posten des Gouverneurs von Kalifornien bewarb. Doch die Leute wussten es zu schätzen, dass er sich nicht verstellte. Das brachte ihm ein authentisches Image ein und förderte seine Einzigartigkeit. Sich von der Masse abzuheben, hat nun mal auch große Vorteile. Die Botschaften solcher Leute werden schneller wahrgenommen. Diverse Untersuchungen haben sogar herausgefunden, dass Fluchen gesund ist und produktiver machen kann. Sie müssen also keine Scheu davor haben, mit Ihrer Wortwahl hier und da über die Stränge zu schlagen. Sie wirken dadurch nur umso ehrlicher. Auch wenn manche Menschen die Stirn runzeln sollten, werden sie Sie für Ihre Authentizität respektieren. ■

BULLSHIT RULE #3
BLEIBE IMMER BEI DER WAHRHEIT

Würden Menschen nicht auch mal lügen, würde es die Welt, wie wir sie heute kennen und schätzen, nicht geben. Wissenschaftler sagen sogar, dass eine funktionierende Gesellschaft nur möglich ist, weil die Mitglieder der Gesellschaft – wir alle – nicht immer die Wahrheit sagen.

Vielleicht sind Sie ein Mensch, der die knallharte Wahrheit verträgt. Sie sehen heute schrecklich aus, Sie stinken wie ein Schwein, Ihre Stimme klingt wie Katzengejammer. Es braucht sehr viel Selbstbewusstsein, solche »Wahrheiten« wegzustecken. Der überwältigende Teil der Gesellschaft verfügt nicht über solch eine Stärke. Vielmehr würden die meisten Menschen auf dieser Welt nie wieder ein Wort miteinander reden, wenn wir alle ständig ehrlich zueinander wären. Forscher verstehen die täglichen Unwahrheiten als den notwendigen Klebstoff der Gesellschaft, der sich in den verschiedenen Kulturkreisen der Welt unterschiedlich ausgestaltet.

Natürlich gibt es verschiedene Ebenen der Lüge. Der eiskalte Betrug fällt Ihnen eher früher als später auf die Füße. Die Fallhöhe ist extrem hoch. Sie setzen nicht nur die direkte Beziehung zum Opfer aufs Spiel, sondern Ihren gesamten Ruf. Das Sprichwort stimmt: Es dauert Jahre, einen guten Ruf aufzubauen, aber nur Sekunden, ihn zu zerstören. Insbesondere in der heute vernetzten Welt ist es sehr leicht, Ihre Behauptungen zu überprüfen. Hinzu kommt: Das Internet vergisst nie.

Die täglichen Flunkereien sind da harmloser und werden in der Regel auch nicht in böser Absicht getätigt. Die Frage des Partners, ob die Hose dick mache, mit einem: »Ich finde nicht« zu quittieren, schadet kaum. Denn die Welt muss sich tatsächlich um wichtigere Probleme kümmern als um das Gesäß eines anderen Menschen. Es ist eine Notlüge ohne wirkliche Auswirkungen, weder in die eine noch in die andere Richtung. Vielmehr könnte man es sogar als Desinteresse deuten. Außerdem gibt es in subjektiven Bereichen nur die eigene Wahrheit, keine absolute Wahrheit. Wo sich bei Ihnen die Nackenhaare aufstellen, läuft einem anderen das Wasser im Mund zusammen.

Wenn Sie eine Diskussion abbrechen wollen, die Wahrheit sie aber nur weiter anheizen würde, können Sie mit einer Unwahrheit dem Feuer den Sauerstoff entziehen. Will jemand eine Stellungnahme von Ihnen, aber Ihre ehrliche Antwort würde zu noch mehr Diskussion oder sogar Streit führen, können Sie entgegnen: »Darüber habe ich noch nicht nachgedacht, und ich will mich dazu auch nicht voreilig äußern.« Selbst wenn Sie eine klare Meinung dazu haben, können Sie so mit Ihrem Leben weitermachen, statt endlos zu streiten. Außer ein wenig Unzufriedenheit beim Gegenüber richten Sie damit keinen Schaden an. ∎

BULLSHIT RULE #4
DAS STREBEN NACH MACHT IST GEFÄHRLICH

Macht ist ein Wort, das negativ belegt ist und sogar dämonisiert wird, sodass wir es kaum in einem neutralen oder positiven Licht sehen können. Doch was ist Macht eigentlich? Es ist ein anderes Wort für Kraft oder Mittel, die man einsetzen kann, um etwas zu erreichen. Und was ist das Gegenteil? Schwäche. Sie sind zu schwach und Ihnen stehen keine Mittel zur Verfügung, etwas zu erreichen. Wenn wir nach Macht nicht streben und Schwäche vermeiden sollen, was bleibt dann überhaupt? Nichts, deshalb ist es ja eine Bullshit Rule.

Macht zu erlangen, muss ein Ziel im Leben jedes Einzelnen sein – ob große oder kleine Macht. Es gibt viele Arten der Macht. Die Macht der Worte, die Macht der Liebe, die Macht der Gedanken, die Macht des Glaubens, die Macht der Überzeugung und mehr. Sich kraftlos oder wehrlos zu fühlen ist kein Lebensgefühl, das erstrebenswert ist. Darum ist das Streben nach Macht nichts Schlechtes oder gar gefährlich, sondern notwendig.

Natürlich kann man die gewonnene Kraft auf verschiedene Weisen einsetzen. Man kann sie zugunsten oder gegen etwas oder jemanden einsetzen. Das hat aber nichts mit der Macht an sich zu tun, sondern mit dem Anwender. Schließlich können Sie ein Messer oder einen Strick auch auf unterschiedliche Weise einsetzen. Zum Glück werden mit Messern mehr Gurken geschnitten als Menschen abgestochen und mit Stricken mehr Boote festgemacht als Menschen aufgehängt. So verhält es sich auch mit Macht. Der Großteil wird dazu eingesetzt, Tariflöhne zu verhandeln, die Umwelt sauberer zu machen, Demokratie zu verbreiten und Menschen Hoffnung zu machen. Natürlich gibt es auch Menschen, die Macht zum Schaden anderer Menschen nutzen. Dies gelingt jedoch meist nur vorübergehend und die Macht kann nichts dafür. Es ist im wahrsten Sinne des Wortes der Schädling, der den Schaden anrichtet. Dann kommt es auch auf die Gegenseite an und ihre Fähigkeit, mit noch größerer Kraft zurückzuschlagen. Nichts wäre schlimmer, als Macht nur mit Schwäche gegenüberzustehen. Es liegt an jedem Einzelnen, Macht zu erlangen und sie für das Gute (und manchmal gegen das Böse) einzusetzen.

BULLSHIT RULE #5
DENKE LANGFRISTIG

Die Welt dreht sich in einem wahnwitzigen Tempo. Noch nie schien sie einem so großen Wandel zu unterliegen wie heute. Historiker gehen davon aus, dass es bis 1900 immer rund 100 Jahre gedauert hatte, bis sich das Wissen der Menschen verdoppelte. Je nach Lesart soll es heute nur noch ein Jahr dauern, bis diese Verdoppelung eintritt. Und IBM-Forscher wollen sogar rausgefunden haben, dass KI, Künstliche Intelligenz, diese Verdopplung künftig in elf bis zwölf Stunden schafft.*

Selbst wenn es nicht so extrem werden würde, können wir noch immer darin übereinstimmen, dass sich unser aller Leben ungeahnt verändern wird. Die Zukunft, in der wir nächstes oder übernächstes Jahr leben, könnte eine vollkommen andere sein als die, von der wir bisher ausgehen. Auch die COVID-19-Pandemie hat uns gelehrt, dass globale Ereignisse unser aller Leben womöglich für immer verändern können. Kleine, unberechenbare Ereignisse setzen Kettenreaktionen in Gang, die plötzlich Millionen von Menschen betreffen. Sie hatten vielleicht geplant, Ihre Karriere bei Ihrem Arbeitgeber – zum Beispiel einem Einzelhändler – auszubauen und wollten Geschäftsführer werden. Sie haben Ihr Haus in der Nähe gebaut, Ihre Kin-

---
* https://www.pressesprecher.com/nachrichten/depok-wissenschaft-1114137444

der in der örtlichen Schule angemeldet, am Sonntag die Besprechungen der Woche organisiert und haben Ihrem Arbeitgeber die volle Konzentration gewidmet. Und dann machte er Pleite. Nicht nur, dass Ihr Plan nicht mehr aufgehen wird, Ihr ganzes Leben gerät jetzt aus den Fugen, weil Sie es auf diesen einen Plan ausgerichtet haben.

Bei Ihren Zukunftsplänen müssen Sie eine Regel beachten: Ihre Lebensziele meißeln Sie in Stein, den Weg dorthin zeichnen Sie in Sand. Natürlich benötigen Sie langfristige Ziele, die sich auf Ihre Familie, Karriere und Finanzen beziehen. Nur wird es fast unmöglich sein, die Details zu planen. Dass Sie heiraten wollen, können Sie als langfristiges Ziel setzen. Aber wen Sie heiraten, können Sie nicht planen. Ihr Lebensglück sollten Sie konsequent verfolgen. Aber lassen Sie sich nicht von den Stolpersteinen aufhalten, denen Sie auf dem Weg begegnen, auch wenn Sie einige zu Fall bringen werden. Stehen Sie auf und gehen Sie weiter. Was Sie auf jeden Fall in der Hand haben, ist der heutige Tag. Was Sie heute tun oder nicht tun, hat einen großen Einfluss auf Ihre Zukunft. Wen Sie heute kennenlernen, kann ihr ganzes Leben verändern. ■

BULLSHIT RULE #6
DENKE POSITIV

Die Welt ist ein schöner Ort. Aber sie hat auch ihre schlechten Seiten. Die lassen sich nun mal nicht wegdiskutieren. Sie können so positiv denken, wie Sie möchten, aber vieles auf der Welt ist einfach schlecht. Dass Menschen auf Grund ihrer Ethnie, Religion oder Sexualität getötet werden, ist alles andere als gut. Manche Menschen brauchen nicht einmal einen Grund, andere umzubringen. Sie finden einfach Gefallen daran. Andere setzen sich betrunken hinters Steuer und löschen ganze Familien aus. Nicht selten kommen die Täter davon, was die Sache noch unerträglicher macht. Wieder andere wollen sich mächtig fühlen, indem sie Frauen vergewaltigen – oder Kinder. Nein, positiv ist das alles kein bisschen. Wir dürfen gar nicht erst versuchen, die Augen vor der Realität zu verschließen – denn das macht es schlimmer. Wir müssen uns eingestehen, dass die Welt ihre guten Seiten hat, aber eben auch schlechte. Wer mit einer rosaroten Brille durchs Leben läuft, den erwischen die schlimmen Seiten besonders hart.

Müssen wir deshalb mit einer negativen Grundstimmung durch die Welt gehen? Keineswegs. Genießen Sie jede Sekunde, aber seien Sie stets auf das Schlimmste vorbereitet. Es gibt einen großen Unterschied zwischen ständiger Angst und grundsätzlicher Vorbereitung. Die

Wahrscheinlichkeit, dass Ihnen ständig etwas Schlimmes passiert, ist gleich null. Die Wahrscheinlichkeit, dass Ihnen niemals etwas Schlimmes passiert, ist aber ebenfalls gleich null. Sie müssen akzeptieren, dass auch Ihnen Negatives widerfahren wird – so positiv Sie auch denken. Die Kunst besteht darin, nicht überrascht zu werden. Angst ist kein guter Ratgeber, aber Vorbereitung ist es. Sie schenkt uns Vertrauen und Kraft. Menschen, die Ihnen nahe stehen, werden sterben. Das ist eine der wenigen Garantien im Leben. Auch eine Partnerschaft verläuft nie reibungslos. Manchmal ist sie mit großen Enttäuschungen verbunden. Menschen werden Sie maßlos enttäuschen. Die meisten Menschen erleben mindestens einmal im Leben heftige finanzielle und gesundheitliche Probleme. Sie werden Fehler machen, die sich kaum rückgängig machen lassen. Und all diese Dinge sind beinahe so sicher wie das Amen in der Kirche. Was werden Sie dann tun? Sie müssen nicht negativ denken, aber bereiten Sie sich grundlegend darauf vor. ∎

BULLSHIT RULE #7
DIE KINDER SOLLEN ES BESSER HABEN

Hinter dem Wunsch, dass die Kinder es einmal besser haben sollen als die Eltern und Großeltern, steckt eine noble Idee: Fortschritt. Die Menschheit hat sich von Generation zu Generation weiterentwickelt. Technisch, medizinisch, sozialpolitisch. Die Umweltschutzbemühungen sind heute so weit fortgeschritten wie noch nie zuvor in der modernen Geschichte, auch wenn uns bestimmte Gruppen vom Gegenteil überzeugen wollen. Immer mehr Länder auf der Welt haben eine gefestigte Demokratie oder blicken auf Bestrebungen in Richtung auf ein demokratisches System. Analphabetismus und Armut sind global auf dem Rückzug. Diese massiven Probleme haben wir jedoch nicht besiegt, weil wir die Augen davor verschlossen haben, sondern weil wir uns diesen Herausforderungen mutig gestellt haben. Und im Umgang mit den Problemen haben wir Stärke und Weisheit gewonnen.

Zurück zu den Eltern, die wollen, dass es ihre Kinder einmal besser haben. Denn wie so oft neigt der Mensch auch hier zur Übertreibung und führt die grundsätzlich gute Absicht ad absurdum. Eltern versuchen fatalerweise, Kinder vor allen potenziellen Problemen und Widrigkeiten des Lebens zu schützen. Es ist sogar eine ganz eigene Spezies entstanden, die von der Forschung als »Helikoptereltern« bezeichnet wird. Diese Erwachsenen sind pausenlos damit beschäftigt, jede Bodenschwelle für die Kinder aus dem Weg zu räumen und jedes denkbare Problem völlig außer Sichtweite des Kindes zu schaffen. Die Kinder sollen nicht die Herausforderungen erleben, die sie möglicherweise selbst erlebt haben. Zumindest nicht unbeaufsichtigt. Und damit erweist man den Kindern einen Bärendienst. Denn wer nie lernt, an Herausforderungen oder auch Gefahren zu wachsen, wird keine Stärke entwickeln. Im Biologieunterricht lernen Schüler, dass man einer Schmetterlingsraupe nicht dabei helfen darf, aus ihrem Kokon zu schlüpfen, da das Tier sonst stirbt. Beim Aufbrechen des Kokons entwickelt der Schmetterling die nötige Kraft, um leben und fliegen zu können. Dasselbe beobachten wir bei Kindern, die nie mit Problemen selbstständig fertig werden mussten. Ihnen fehlt die Kraft und oft sind sie mit der komplizierten Welt schlicht überfordert. Das führt nicht selten zu Depressionen. Kinder müssen lernen, mit Problemen fertig zu werden, um sich zu einer starken Persönlichkeit entwickeln zu können.

BULLSHIT RULE #8
DU MUSST MIT DER ZEIT GEHEN

Trends zu folgen ist ein menschliches Verhalten. Es lässt sich dem Herdenverhalten zuordnen. Wir signalisieren zum Beispiel mit unserer Kleidung die Zugehörigkeit zu einer bestimmten Gruppe. Ein Mann, der schicke Anzüge mit Krawatte trägt, oder eine Frau, die Hosenanzüge mit weißer Bluse kombiniert, zeigen damit, dass sie seriös und erfolgreich in der Geschäftswelt unterwegs sind. Ein Vertreter der Hipster-Bewegung wird dagegen eher Jeans, Mütze und übergroße Brille tragen. Diese Trends verändern sich ständig, und man verlangt von uns, sich diesen neuen Trends unterzuordnen, damit wir auch weiterhin zur Gruppe gehören können. Sie werden quasi aufgefordert, sich einer Konformität zu unterwerfen. Trends halten Einzug in viele Lebensbereiche. Beispielsweise macht der technologische Fortschritt Stifte immer überflüssiger. Notizen und Texte sollen wir heute in ein Smartphone oder einen Computer eintippen. Wer schreibt denn noch auf Papier? Was ist mit dem altmodischen Kaffeekränzchen mit der Freundin? Heute nutzt man Videochat. Wer nicht das neueste Smartphone-Modell hat, das vorgestern auf den Markt gekommen ist, mit dem kann etwas nicht stimmen.

All diese neuen Methoden und Trends bringen Unruhe in unser Leben. Jeden Tag haben wir das Gefühl, dass sich schon wieder so vieles verändert hat und wir der Zeit hinterherhängen. Interessanterweise gibt es ausgerechnet in der schnelllebigen Computerbranche eine Redewendung, die uns Hoffnung geben sollte: »Never change a running system.« Es gibt einige Dinge, die funktionieren für Sie und Ihr Leben. Ob es Ihr Füller ist, Ihr Lieblingsoutfit oder Ihr Kaffeekränzchen. Verändern Sie diese Dinge nicht, solange Sie es nicht wollen. Lassen Sie sich nicht von der Zeit vorschreiben, wie Sie sich zu verhalten haben. Aber lassen Sie auch nicht außer Acht, dass es neue Dinge gibt, die unser Leben besser machen können. Beständigkeit in gewissen Disziplinen hat vielen Menschen großen Erfolg beschert. Sie müssen bewusste Entscheidungen darüber fällen, welche Dinge Sie erhalten und welche Sie zum Besseren verändern wollen. Die oberste Maxime bei allem lautet dabei: Es muss Ihnen helfen. Kann Ihr Gehirn Dinge besser verarbeiten, wenn Sie sie mit einem Stift aufschreiben, statt sie in ein Smartphone zu tippen, bleiben Sie unbedingt dabei. Macht es für Sie persönlich hingegen keinen Unterschied, vereinfacht aber organisatorische Abläufe, ändern Sie es. Verändern Sie nicht nur um der Veränderung willen. Sondern stellen Sie stets die Sinnfrage. Denn: Sie müssen nicht. Sie müssen wollen. ■

BULLSHIT RULE #9
EIGENLOB STINKT

Wie selbstverständlich konsumieren wir die Werbung für Produkte, die wir kaufen sollen. Schokolade, Bier, Elektrogeräte. Sie werden in Superlativen beschrieben. Die besten, leckersten oder am höchsten entwickelten Produkte, die man kaufen kann. Innovativ ohne Ende. Eine neue Waschformel, die die Wäsche schon fast durchsichtig macht, statt nur weiß. Die Industrie lobt ihre Produkte über den grünen Klee, und wir alle kaufen sie deshalb. Nicht wegen einer objektiven, sondern wegen einer überwiegend subjektiven Entscheidung, die wir aufgrund einer Werbung fällen, die mit Superlativen und unverhohlenem Eigenlob zu uns durchgedrungen ist. Und in den meisten Fällen ist auch nichts dabei. Denn in die Massenproduktion und damit einhergehend in die Werbung schaffen es die Produkte mit dem größten Potenzial und der besten Qualität. Kein Unternehmen betreibt all diesen Aufwand für ein schlechtes Produkt, das sich kaum zwei Wochen in den Regalen halten wird.

Warum fällt es uns Menschen so schwer, uns selbst zu loben? Schließlich wollen wir uns selbst in gewisser Weise auch vermarkten. Als Liebespartner, als Freund, als Mitarbeiter oder als Mitglied einer Gruppe. Ein Grund dafür könnte in den Heiligen Schriften der verschiedenen Religionen liegen, die meist Demut und Bescheidenheit von den Menschen fordern. Sich selbst zu untergraben, das galt als fromm, und noch heute halten viele Gläubige daran fest. Allerdings steht in Heiligen Schriften wie der Bibel auch, dass man Rache Auge um Auge suchen soll und Frauen dem Manne untertan seien. Man sollte also nicht alles darin für bare Münze nehmen.

Wer nicht lernt, seine eigenen Qualitäten zu loben, wird meist übergangen und übersehen. Nichts spricht dagegen, es auf elegante Weise zu tun. Aber Sie müssen sich Gehör verschaffen. Es passiert selten, dass jemand anderes diesen Job für Sie übernimmt und all Ihre Vorteile anpreist. Natürlich ist das der Königsweg im Marketing. Deshalb nutzen Firmen so gerne prominente Testimonials (Markenbotschafter), die sich für die Produkte aussprechen. Aber im Zweifel muss man sein eigener Cheerleader sein, um deutlich zu machen, was man kann und wer man ist. Das Eigenlob hat noch einen weiteren positiven Effekt: Es stärkt unser Selbstwertgefühl. Denn es tut nicht nur gut, von anderen gelobt zu werden, sondern auch, wenn man es selbst tut.

BULLSHIT RULE #10
EINE NACHT DARÜBER SCHLAFEN

Richtig ist, dass wir nachts Eindrücke verarbeiten, die uns am Tag widerfahren sind. Richtig ist auch, dass sich Gelerntes über Nacht im Gehirn festigt. Wissenschaftlich wurde bisher nur bewiesen, dass Schlaf die Entscheidungen verändert, die wir treffen. Aber das muss logischerweise nicht bedeuten, dass die veränderten Entscheidungen besser sind. Sie sind nur anders. Wir können lediglich die Gegenprobe in der Retrospektive machen. Welche Entscheidungen haben wir sofort getroffen und wie zufrieden sind wir mit den Ergebnissen? Umgekehrt können wir fragen, welche wir mit ins Bett genommen haben und wie zufrieden wir mit jenen Ergebnissen sind. Ob Ronald Gerald Wayne eine Nacht darüber geschlafen hatte, bevor er entschied, seinen zehnprozentigen Firmenanteil an Apple elf Tage nach der Gründung wieder zu verkaufen? Er erhielt insgesamt 2 300 Dollar für seine Anteile. 2020 wären diese Anteile 215 Milliarden Dollar wert gewesen.* Ein makabres Beispiel sind Amokläufe oder Anschläge. Der überwiegende Teil der Täter wird wohl vor der schrecklichen Tat »eine Nacht darüber geschlafen« haben. Das hat sie aber nicht von ihrer Entscheidung abgehalten, morgens das Haus zu verlassen und ihren mörderischen

---
* https://de.wikipedia.org/wiki/Ron_Wayne

Plan in die Tat umzusetzen. Die Flugzeuge der 9/11-Terroranschläge wurden zwischen acht und neun Uhr morgens entführt.* Ebenso finden Amokläufe an Schulen meistens morgens statt.

Wir treffen keine besseren Entscheidungen, nur weil wir »darüber schlafen«. Der Informationsstand bleibt der gleiche. Wenn Sie mehr Informationen für eine Entscheidung benötigen, holen Sie sich diese Informationen, aber »schlafen Sie nicht darüber«. Hören Sie mehr auf Ihren Bauch – was er Ihnen in dem Moment sagt, wenn eine Entscheidung getroffen werden muss. Wenn Sie bei der rückblickenden Gegenprobe feststellen, dass Sie mit Ihren schnellen Entscheidungen aus der Vergangenheit am glücklichsten waren, können Sie daraus eine Handlungsempfehlung für die Zukunft ableiten. Treffen Sie beherzte und schnelle Entscheidungen. Daraus erwächst auch der Vorteil, dass Sie nicht so viel Ballast mit sich herumtragen. Was Sie jetzt entscheiden, ist von Ihrer Muss-ich-noch-entscheiden-Liste gestrichen. Ihr Sicherheitsnetz ist, dass Sie sich umentscheiden können. Nur weil Sie A sagen, müssen Sie nicht B sagen, wenn Sie erkennen, dass A falsch war.

Es gibt eine Ausnahme von der Regel, bei der Sie tatsächlich »eine Nacht darüber schlafen« sollten: Treffen Sie keine wichtigen Entscheidungen, wenn Sie nicht bei klarem Verstand sind. Alkohol, Drogen und Emotionen wie Angst oder Wut sind meistens schlechte Ratgeber. ∎

---

* https://de.wikipedia.org/wiki/Terroranschläge_am_11._September_2001

BULLSHIT RULE #11
GELD MACHT NICHT GLÜCKLICH

Doch, Geld macht glücklich. Aber beginnen wir ganz am Anfang. Es ranken sich so derart viele Mythen um den schnöden Mammon, dass die Frage mehr als berechtigt ist: Was ist überhaupt Geld? Dazu müssen wir nicht fragen, wie Geld im Zentralbankensystem entsteht. Wir müssen nur nach dem Zweck fragen, den Geld erfüllen soll. Die ersten Münzen wurden 650 v. Chr. geprägt. Bis dahin musste man Waren tauschen, um eine andere Ware zu bekommen. Wenn Sie jedes Mal einen Esel mit sich herumschleppen müssen, um zum Beispiel ein Werkzeug kaufen zu können, ist das ein großer Aufwand. So kam man auf die Idee, Münzen aus wertvollen Metallen wie Gold oder Silber herzustellen, um ein Tauschmittel mit einem festen Wert und geringem Gewicht zu etablieren. Damit wurde der Handel und auch die Bezahlung von Arbeitskraft erleichtert.

An diesem Grundprinzip des Geldes hat sich bis heute nichts geändert. Es dient uns als Tauschmittel, mit dessen Hilfe wir unsere Nahrungsmittel, Kleidung und Wohnung bezahlen können. Um Geld zu bekommen, setzt der Großteil der Menschen ihre Arbeitskraft ein und verkauft diese an einen Arbeitgeber. Überspitzt könnte man sagen: Geld ist verronnene Lebenszeit. Wer seine kostbare Lebenszeit für sehr wenig Geld verkauft, ist in der Regel nicht besonders glücklich über diesen Umstand. Mehr noch, die meisten sind frustriert und empfinden das als ungerecht. Dennoch gibt es Methoden, das Einkommen zu erhöhen. Man kann mehr Zeit verkaufen und bekommt mehr Geld. Man kann seine Qualifikation oder Produktivität erhöhen, um mehr Geld zu bekommen. Oder man handelt nicht mehr mit der eigenen Zeit, sondern zum Beispiel mit Waren, die eine Gewinnspanne erlauben. Je mehr Waren man zur gleichen Zeit verkaufen kann, desto mehr Geld verdient man. Die Funktionsweisen von Geld und Einkommen zu verstehen, nimmt dem Menschen das Ohnmachtsgefühl. Und es zeigt uns, dass wir unser Einkommen theoretisch beliebig erhöhen können.

Ältere Studien haben gezeigt, dass bis zu einem Jahreseinkommen von 75 000 Dollar der Glücksfaktor unter anderem deshalb steigt, weil das Geld beispielsweise der Existenzangst entgegenwirkt. Aber auch über diesem Einkommensniveau steigt das Glück weiter, so eine neue Studie[*], weil sich uns immer mehr Möglichkeiten eröffnen und wir stolz auf uns sind, so viel zu erreichen. Man könnte natürlich einschränken, Geld allein mache nicht glücklich. Stimmt. In der zivilisierten Welt trägt Geld aber wesentlich zum menschlichen Glück bei. Die Grenze für diesen Glückszuwachs setzen lediglich die manchmal zunehmenden Probleme bei der Erwirtschaftung oder beim Erhalt großer Einkommen. Wer hier keine rechte Balance findet, den macht mehr Einkommen nicht unbedingt glücklicher. Aber selbst dann noch zufriedener als mit weniger Geld. ■

---

[*] https://www.wissenschaft.de/gesellschaft-psychologie/geld-macht-doch-gluecklich/

BULLSHIT RULE #12
GESUNDHEIT IST DAS WICHTIGSTE

Das klingt so, als hätte nichts mehr einen Sinn, wenn die eigene Gesundheit erheblich beeinträchtigt ist. Wobei man gleich hier anmerken muss: Es ist praktisch unmöglich, ein Leben lang bei tadelloser Gesundheit zu bleiben. Wenn wir etwas identifizieren wollen, das man als Wichtigstes im Leben bezeichnen kann, ist es wohl die geistige Einstellung.

Es gibt Menschen, die kommen bereits mit Behinderungen oder (Erb-)Krankheiten zur Welt. Sie können nichts für ihr Schicksal, aber sie können entscheiden, wie sie darauf reagieren. Besonders Familien, in denen die chronische Krankheit oder Behinderung eines Kindes nicht dramatisiert wird und das Kind ermutigt wird, normale Dinge zu tun, bringen erfolgreiche und glückliche Erwachsene hervor, die den Lebensmut trotz ihrer Krankheit nicht verlieren. Sie haben eine positive Geisteshaltung entwickelt und werden zeitlebens davon profitieren.

Einer der wohl berühmtesten Wissenschaftler der Neuzeit, Stephen Hawking, litt unter einer schweren Krankheit namens ALS. Die Ärzte damals gaben ihm keine Hoffnung auf ein langes Leben. Ganz im Gegenteil. Mit 21 sagte man ihm, er solle die restlichen paar Jahre genießen und keine Zukunftspläne machen. Er tat das Gegenteil. Er erschuf sich ein Leben, das selbst den meisten gesunden Menschen verwehrt bleibt. Er zeugte drei Kinder, schrieb Weltbestseller, war der Rockstar unter den Physikern, spielte in Hollywood-Produktionen mit und absolvierte einen Flug in der Schwerelosigkeit. Trotz seiner Krankheit, die andere wohl als menschenunwürdig bezeichnen würden, lebte er ein glückliches und erfolgreiches Leben.

Sie werden auch zahlreiche Geschichten von Menschen finden, die im Laufe ihres Lebens ihre Gesundheit verloren haben – durch einen Unfall beispielsweise–, aber dennoch ein erfülltes Leben leben konnten. Voraussetzung dafür ist stets die positive Geisteshaltung und der Lebensmut. Auch diese Menschen lernten, mit ihrer Beeinträchtigung zu leben und das Beste daraus zu machen. Steve Jobs hat sich von seiner Krebsdiagnose nicht davon abhalten lassen, innovative Apple-Produkte zu entwickeln. Der Schlagzeuger der britischen Rockband Def Leppard verlor infolge eines Autounfalls einen Arm. Dennoch lernte er, mit nur einem Arm seine Berufung weiter auszuüben, und galt als einer der besten Drummer aller Zeiten.

Halten Sie Ihre Gesundheit in Ehren, aber akzeptieren Sie auch, dass sich das Leben manchmal in seltsame Richtungen entwickelt. Machen Sie Ihr Lebensglück niemals von Ihrer Gesundheit abhängig. ∎

BULLSHIT RULE # 13
GIB NIEMALS AUF!

Nur weil Sie vor Jahren mal mit dem Rauchen oder Trinken begonnen haben, heißt das nicht, dass Sie für immer dabei bleiben sollten. Auch wenn es eine drastische Analogie ist, erkennen wir: Bestrebungen, die letztlich nicht zu unserem Vorteil sind, dürfen und sollten wir aufgeben. Das gilt auch und besonders für die oft endlosen Animositäten und Streitigkeiten mit anderen Menschen, beruflich wie privat. Solche Wege lohnen nicht.

Wir müssen »Gib niemals auf!« auf zwei Ebenen betrachten, nämlich auf der Makro- und auf der Mikroebene. Sobald Sie im Leben Ihren wahren Traum und Lebenssinn gefunden haben, dürfen Sie sich in der Tat nie wieder davon abbringen lassen. Das, was Sie glücklich macht, ist immer der richtige Weg. Es spielt keine Rolle, was andere dazu sagen oder ob es einem Trend folgt oder nicht. Nur Sie können bestimmen, was Sie glücklich macht. Dann gibt es aber noch die Mikrobetrachtungsweise: unsere Handlungen. Insbesondere die Handlungen, die wir ständig unternehmen. Viele von diesen Handlungen laufen unseren eigentlichen Zielen im Leben zuwider. Oft merken wir nur nicht, dass uns unsere Gewohnheiten vom Erfolg abhalten. Mein Rat: Erstellen Sie eine Übersichtsliste von all den Dingen, die Sie häufig oder sogar täglich tun. Wie kommunizieren Sie mit anderen und wie mit sich selbst? Welche Angewohnheiten haben Sie mit Blick auf Ihre körperliche und geistige Gesundheit? Welchem Beruf gehen Sie nach? Womit verschwenden Sie kostbare Lebenszeit?

Erst wenn wir sezieren, welche Gewohnheiten wir eigentlich haben, können wir Entscheidungen darüber treffen, welche wir aufgeben sollten. Wie das Rauchen oder Trinken gibt es viele Dinge in unserem Leben, die uns massiven Schaden zufügen, die wir aber dennoch tun. Und damit muss Schluss sein, wenn Sie etwas erreichen wollen. Und besonders dann, wenn Sie Ihr Glück finden wollen. Die meisten Menschen fragen sich ihr Leben lang, warum sie ihren großen Traum nicht erfüllen können. Es liegt daran, dass sie die kleinen Handlungen nie überprüfen und nicht jene aufgeben, die ihnen im Wege stehen. ■

BULLSHIT RULE # 14
HALTE DEIN GELD ZUSAMMEN

Die Prinzipien der Volkswirtschaft würden Ihnen sofort davon abraten. Denn einem Land geht es dann besonders gut, wenn die Konsumenten ihr hart verdientes Geld gleich wieder in den Wirtschaftskreislauf zurückführen. Es führt zu Steuereinnahmen über Konsumsteuern wie die Mehrwertsteuer, es schafft Arbeitsplätze und kann im Endeffekt sogar das durchschnittliche Einkommensniveau der Bürger im Land erhöhen. Wenn die Bürger hingegen ihr Geld zu sehr sparen, entziehen sie dem System die Liquidität, Arbeitsplätze fallen weg, Steuereinnahmen bleiben aus und Unternehmen hören auf, in den Standort zu investieren. Im wirtschaftswissenschaftlichen Sinne ist Geldausgeben also schon mal etwas Gutes.

Aber auch im persönlichen Sinne führt uns obige Aufforderung in die falsche Richtung. In der Konsequenz bedeutet sie nämlich, dass wir unser Geld schlicht auf dem Giro- oder Festgeldkonto herumliegen lassen, weil sich der Großteil der Menschen fast nie mit Finanzen beschäftigt und gar nicht wüsste, wie es besser geht. Und weil Bankkonten in aller Regel keine Zinsen abwerfen und bisweilen sogar Minuszinsen verursachen und die Inflationsraten auch ihren Tribut fordern, wird das »gesparte« Geld sogar weniger. Und zwar ununterbrochen. Es verschimmelt praktisch.

Aber das ist noch immer nicht das größte Problem. Viel schlimmer ist nämlich, dass uns der Rat dazu auffordert, das zu schützen, was wir bereits haben. Besser wäre es allerdings, Wege zu finden, das Einkommen zu erhöhen. Das Gehirn spielt uns hier einen Streich, denn es kann seinen Fokus nur auf eine Sache legen. Entweder bremsen oder Gas geben. Beides zur gleichen Zeit ergibt für unseren Verstand keinen Sinn. Und so können wir entweder angstgetrieben unser bisschen Geld beschützen oder optimistisch nach neuen Chancen suchen. Sie können sicher sein, dass kein bedeutendes Vermögen auf dieser Welt dadurch entstanden ist, dass jemand seine paar Münzen bewacht hat. Vermögen entstehen meist aus der Kombination zweier Faktoren: hohes Einkommen und Investition. Menschen, die stetig nach Möglichkeiten suchen, ihr Einkommen zu erhöhen, haben mehr Geld zur Verfügung, das sie investieren können. Dabei kann es sich um eigene Projekte handeln oder um Investitionen in andere Unternehmen, Investmentvehikel oder Spekulationen. Da kluge Investoren hier nach dem Prinzip der Streuung vorgehen, ist der Ratschlag, sein Geld »zusammenzuhalten«, doppelt falsch. In jedem Fall ist es ratsamer, Geld in einem Kreislauf arbeiten zu lassen, statt es untätig liegen zu lassen.

BULLSHIT RULE # 15
HALTE DICH IMMER AN DIE GESETZE

Es gibt nachvollziehbare und sogar wichtige Gründe, manche Gesetze und Rechtsvorschriften nicht so ernst zu nehmen. Nicht wenige rechtliche Regelungen stammen aus einer Zeit, die mit der heutigen nichts mehr gemein hat. Bisher hat es nur niemand für nötig gehalten, sie zu ändern. Auch in Deutschland gibt es heute noch Gesetze und Regelungen, die vom damaligen Reichskanzler Adolf Hitler erlassen wurden. Die Herkunft der Gesetze spielt also durchaus eine Rolle bei der Frage, wie sehr man sie befolgen will. Gewalt gegen Frauen ist in manchen Ländern auf der Welt noch heute gesetzlich erlaubt. Und ebenso gelten in manchen Ländern Kinder als ehefähig, mit allen ehelichen Pflichten. Abgesehen von menschenverachtenden Gesetzen gibt es auch zahlreiche Gesetze, Verordnungen und dergleichen, die nicht nur ulkig klingen, sondern meist auch völlig sinnlos sind, zum Beispiel, weil sie mit der heutigen Lebensrealität nichts mehr gemein haben. Auch religiöse Gesetze gehören dazu. Die Bibel spricht im 1. Korinther 14,35 davon, dass Frauen in der Gemeinde nicht reden sollen. Und in 3. Mose 19,19 heißt es, man solle keine Kleider tragen, die aus zwei verschiedenen Fäden gewebt sind. (Ich schreibe diese Zeilen übrigens an einem Sonntag. Laut 2. Mose 35,2 müsste ich für Arbeit am Sabbat mit dem Tode bestraft werden.)

Laut § 111 Strafgesetzbuch ist es verboten, öffentlich zu Straftaten aufzurufen. Das ist hier auch in keiner Weise beabsichtigt. Aber man darf und soll den jeweiligen Einzelfall analysieren und seine eigenen Schlussfolgerungen ziehen. Man muss nicht blind jeder gesetzlichen Regelung folgen, wenn diese Befolgung evident zu mehr Schaden als Nutzen führen würde.

Manche Innovation auf der Welt ist erst durch einen Rechtsbruch zustande gekommen. Oder zumindest war die Auslegung geltenden Rechts strittig. Als Elon Musk seine Tesla-Fabriken zu bauen begann, tat er dies vielerorts ohne endgültige Baugenehmigung.[*] In Deutschland zum Beispiel. Er hatte keine Zeit zu verlieren. Während des Baus beantragte sein Unternehmen dann die Genehmigungen. Und erhielt sie größtenteils. An manchen Stellen musste nachgebessert werden, anderes musste neu in Angriff genommen werden. Der neuartige Fahrdienst Uber wiederum stieß allerorts auf massiven behördlichen Widerstand und Verbote und kämpfte sich trotzdem voran. Nach und nach überarbeitet man jetzt die Gesetze, um der innovativen Branche der Fahrdienste nicht völlig im Wege zu stehen. Manchmal müssen gesetzliche Regelungen sehr weit ausgelegt werden, um Fortschritt erst möglich zu machen. Noch einmal: Nehmen Sie das hier Gesagte nicht als Freibrief für Gesetzesübertretungen. Aber man sollte in der Befolgung von Gesetzen und Regelungen auch nicht den eigenen Verstand ausschalten. ∎

---

[*] https://taz.de/Tesla-baut-schon--ohne-Baugenehmigung/!5695222/

BULLSHIT RULE # 16
HAND DRAUF!

Alles in Ihrem Leben sollte Sinn machen. Zumindest sollte es Sie in die Richtung bringen, die Sie sich für Ihr Leben wünschen. Und dabei greifen wir immer öfter auch daneben. Wir treffen falsche Entscheidungen und machen Versprechen, die wir nicht einhalten können. In der Regel passiert das bei den meisten Menschen nicht aus betrügerischer oder böser Absicht, sondern einfach aus Versehen. Wir können eine Situation nicht richtig einschätzen – vielleicht, weil sie gänzlich neu für uns ist – und treffen eine Entscheidung, die sich als Fehler herausstellt. Ein Handschlag ist eine gut gemeinte Absichtserklärung, aber hat keinen bindenden Charakter. Verschiedene gute Gründe können dafür sprechen, ein Versprechen zu brechen. Sollte Ihr Versprechen Sie unglücklich machen, ist es Zeit, es nicht einzuhalten oder zu relativieren. Nichts auf der Welt ist wichtiger als Ihr Seelenfrieden. Aber: Das soll nicht als Freibrief dafür verstanden werden, seine Versprechen nur deswegen zu brechen, weil es Zeit oder etwas Disziplin kostet, sie einzuhalten. Das haben Versprechungen nun mal so an sich: Sich an sie zu halten, kann unangenehm sein oder »ungelegen« kommen. Davon rede ich hier aber nicht. Wenn Sie Ihrem Nachbarn versprechen, ihm am Wochenende beim Ausräumen der Garage zu helfen, dann sollten Sie das besser nicht einfach deswegen absagen, weil die Sonne scheint und der Strand lockt. Ein solcher Umgang mit Versprechen fällt einem sehr schnell auf die Füße, im Geschäftsleben sowieso. Wir reden hier von Versprechen, deren Einhaltung Ihr Leben und Ihre Integrität merklich beeinträchtigen würde.

Eine solche Situation haben Sie zum Beispiel dann, wenn Ihr Versprechen in eine Handlung münden soll, die moralisch nicht richtig oder sogar strafbar ist. Wenn Sie einem Jugendfreund geschworen haben, mit ihm durch Dick und Dünn zu gehen, komme, was wolle, sollten Sie trotzdem Grenzen ziehen. Ist besagter Freund in finanzieller Not und beschließt, mit Ihrer Hilfe ein Geschäft zu überfallen, sollten Sie Ihren Schwur schleunigst brechen. Auch wenn das zur Folge hat, dass Ihr bester Freund Haus und Hof verliert, weil ihm der Kuckuck droht. In Hollywoodstreifen wird oft romantisiert, wie Freunde füreinander ins Gefängnis gehen, weil sie sich ewige Treue geschworen haben. Aber was ist das bitte für eine Freundschaft? Blinde Treue hat uns das Dritte Reich und viele weitere schwarze Stunden beschert. Wir sollten akzeptieren, dass auch Treue ihre Grenzen hat.

Manche Menschen haben mit dieser moralischen Frage mehr zu kämpfen als andere. Wem das einmal gegebene Wort heilig ist, der tut sich schwer, die nötigen Grenzen zu ziehen. Sie sollten sich bewusst machen, dass Egoismus nicht verwerflich ist. Im Gegenteil, die Konzentration auf das eigene Glück ist eine hohe Kunst, die das Leben ungemein bereichert. ■

BULLSHIT RULE #17
HÖRE AUF MENSCHEN MIT LEBENSERFAHRUNG

Es gibt Dinge, die ändern sich kaum. Und es gibt Dinge, die ändern sich ständig. Menschen, die über viel Lebenserfahrung verfügen, geben ihre Erfahrungen in guter Absicht weiter, um anderen Menschen zu helfen, gute Entscheidungen zu treffen. An der Absicht ist nichts verwerflich, aber die Ratschläge taugen oft nichts. Wenn es um wichtige Entscheidungen geht, dann sollte man einige Fragen klären, bevor man dem Ratschlag eines anderen Menschen folgt. Aus welchem Jahrzehnt oder gar Jahrhundert stammt die Erfahrung? In welcher Situation befand sich die Person zu jener Zeit? Wie erfolgreich wurde die Person dann tatsächlich? Welche Rahmenbedingungen haben sich seitdem geändert und ist der Rat tatsächlich heute noch umsetzbar?

Die meisten Ratschläge stellen sich als nutzlos heraus, weil sie nicht für jeden Menschen passen. Eine Schraube, die Sie wahllos im Baumarkt kaufen, können Sie auch nicht in jedes Gewinde dieser Welt drehen. Es gibt Dinge, die passen zusammen. Aber die meisten Dinge passen nicht zusammen. Und ebenso ist es auch mit Ratschlägen. Selbst wenn ein Tipp jemandem geholfen hat, muss er noch lange nicht für jemand anderen funktionieren. In zwischenmenschlichen Beziehungen wird dies besonders deutlich. Wenn Ihnen jemand rät, Ihrem Lebenspartner regelmäßig kleine Geschenke zu machen, weil seine Ehe davon enorm profitiert hat, muss das keine Gültigkeit für Sie haben. Denn es gibt Menschen, die machen sich so gar nichts aus Geschenken. Sie wollen lieber öfter mal gelobt werden oder ungestörte Zeit mit ihrem Partner verbringen. Ein Ratschlag muss also immer auf seine individuelle Anwendbarkeit geprüft werden. So wie Sie eine Schraube nur in ein passendes Gewinde drehen können.

Es gibt noch einen weiteren, wichtigen Grund, nicht zu viel in Lebenserfahrung hineinzuinterpretieren. Denn für die meisten Menschen bedeutet es lediglich, dass sie etwas über einen langen Zeitraum unverändert getan haben. Aber eine Disziplin macht noch lange keinen Sieg. Denn Sie müssen nicht nur etwas dauerhaft tun, sondern das Richtige. Dabei gilt es, nicht eine Strategie, sondern verschiedene Strategien auszuprobieren, die zu Ihnen, Ihrer Situation und Ihren Zielen passen. Sie müssen ein individuelles Konzept entwickeln, um Ihre Ziele zu erreichen. ■

BULLSHIT RULE # 18
KEINE WIDERWORTE!

Diese Anweisung hören wir besonders als Kinder sehr häufig. Dahinter steckt eine sehr simple Absicht der Erwachsenen: Bequemlichkeit. Sie wollen ihre Autorität bewahren und sich nicht mit den Argumenten der Heranwachsenden beschäftigen. Wenn man auch die erste Absicht noch mehr oder weniger nachvollziehen kann, enttäuscht die zweite Absicht sehr. Jungen Menschen die Lust am Diskurs zu nehmen ist grundsätzlich ein falscher Ansatz und führt zu einseitigen Weltanschauungen. Wer lernt, dass vermeintlich nur die autoritäre Meinung Gültigkeit besitzt, entwickelt kein selbstständiges Denken. Wir lernen, die Verantwortung abzugeben: an den Arbeitgeber, an die Gewerkschaft, an die Regierung. Wir selbst sind ja eh nur das Opfer, das nichts zu entscheiden hat. Menschen hingegen, die gelernt haben, ihre Ansichten zu begründen und zu verteidigen, wachsen zu selbstständigen und starken Persönlichkeiten heran. Sie wissen, dass die Welt viele Facetten hat und in einem demokratischen Prozess viele Meinungen gehört und berücksichtigt werden müssen. Das ist zwar unbequem, bewahrt uns aber vor einer extremistischen Gesellschaft. Und wir alle wissen, wo Gesellschaft beginnt: bei uns selbst.

Sie können eine auf Fakten basierende Meinung oder gar eine feste Überzeugung haben. Das bedeutet allerdings nicht, dass sie die einzig richtige ist. Nur wer imstande ist, seine eigene Meinung zu hinterfragen, kommt der Wahrheit näher. Wir Menschen leiden kollektiv an einem psychologischen Effekt, der sich Confirmation Bias nennt, zu Deutsch: Bestätigungsfehler. Dieser Effekt sorgt dafür, dass wir nur noch die Informationen in unsere Wahrnehmung lassen, die unsere bisherige Überzeugung bestätigen. Wir blenden also Informationen aus, die unserer eigenen Meinung widersprechen. Das ist genau genommen ein trauriges und primitives Verhalten. Aber wir sind eben nur besser entwickelte Primaten. Unser Gehirn funktioniert noch immer sehr rudimentär. Nur wenn wir uns zwingen, offener durch die Welt zu gehen und uns auf Diskussionen einzulassen, können wir über uns hinauswachsen. ■

BULLSHIT RULE # 19
KENNE DEINEN PREIS

Wir alle wollen Geld verdienen und in der Regel möglichst viel davon. Die Schule will uns weismachen, unsere Noten und unser späteres Einkommen würden unmittelbar zusammenhängen. Je höher und besser der Schulabschluss, desto mehr Geld könnten wir verdienen. Diese Feststellung könnte kaum falscher sein. Zwar gibt es in unteren Einkommensebenen sicherlich Anzeichen dafür, dass der Durchschnitt der guten Schüler auch mehr Gehalt erzielt als jene mit schlechten Noten und Abschlüssen. Aber das gilt eben nur im Durchschnitt und auch nur für Ebenen mit überschaubarem Einkommen. Die Wahrheit: Je höher das Einkommen, desto weniger Zusammenhang mit Schulnoten oder Abschlüssen. Reiche Unternehmer sind oft nur mittelmäßig in der Schule gewesen. Schaut man sich dann die reichsten Menschen der Welt an, wird es sogar noch krasser. Einige dieser UHNWI (Ultra High Net Worth Individuals – so werden die Ultrareichen in der Forschung genannt) haben noch nicht einmal einen Schulabschluss.

Was ist also mit dem Rat »Kenne deinen Preis« gemeint? Studenten verstehen ihn so, dass man mit einem hohen Studienabschluss in eine gewisse Gehaltsklasse rutscht. Man zählt sich selbst also einkommenstechnisch zu einer Art Güteklasse. Man nimmt an, dass ein Bachelor-

Absolvent ein bestimmtes Gehalt verdienen sollte. Dieser Ratschlag ist schon deshalb dumm, weil man sich damit selbst limitiert. Denn für ein Unternehmen zählt eigentlich nur eine Kennzahl: die Wertschöpfung. Wie viel Geld verdient ein Mitarbeiter umgerechnet für das Unternehmen? Entspricht diese Summe dem Durchschnitt, wird auch nur ein Durchschnittslohn gezahlt. Spielt er oder sie dem Unternehmen aber überdurchschnittlich viel ein, muss auch entsprechend vergütet werden. Die Konkurrenz um wertvolle Arbeitskräfte ist enorm.

Übrigens wird auch der Unternehmer ausschließlich nach diesem Prinzip entlohnt: Er ist an dem Wert beteiligt, den sein Unternehmen erwirtschaftet. Daher ist der bessere Rat: Kenne deinen Wert! ■

BULLSHIT RULE #20
KÜMMERE DICH UM DEINE EIGENEN ANGELEGENHEITEN

»Steck deine Nase nicht in fremde Angelegenheiten.« Diesen Rat hören besonders Kinder sehr oft. Und es ist ein schlechter Rat. Denn mal abgesehen davon, dass wir neugierige Wesen sind, hat diese ungebetene Neugier noch einen weiteren Effekt: Wir lernen Zusammenhänge zu verstehen. Wenn wir im Kindesalter die Welt erkunden und verstehen wollen, wäre es ziemlich dumm, nur in seinem eigenen Radius von 50 Zentimetern zu operieren. Dabei würden wir absolut gar nichts lernen. Sehr viel mehr lernen wir, wenn wir die Interaktionen zwischen anderen Menschen beobachten. Oder erfahren, wie andere Menschen mit Problemen umgehen. Oder Wechselwirkungen erkennen – wenn zum Beispiel jemand etwas Beleidigendes zu hören bekommt und wir seine Reaktion sehen. So lernen wir, was wir mit unseren eigenen Worten anrichten können. So lernen wir, wie wir selbst mit Problemen umgehen können.

Es hilft uns in unserem Reifeprozess, unsere Nase in fremde Angelegenheiten zu stecken. Ein Problem entsteht, wenn wir damit irgendwann aufhören. Erwachsene nehmen sich nämlich den Rat irgendwann zu Herzen und kümmern sich nur noch um ihre eigenen Angelegenheiten. Automatisch hören sie dann auch auf zu lernen, wie man es selbst besser machen könnte. Scheidungen, Pleiten, Verkehrsunfälle und andere folgenschwere Ereignisse gehen nämlich nicht auf das Konto von Kindern, sondern von Erwachsenen. Der Reifeprozess hört aber scheinbar dann auf, wenn wir nicht mehr von anderen zu lernen versuchen. Selbst wenn Sie nicht mehr Mäuschen bei den Eltern spielen, indem Sie sich hinter dem Treppengeländer verstecken, können Sie nach wie vor von anderen lernen. Zum Beispiel, indem Sie Biografien lesen oder Dokumentationen über andere Menschen ansehen. In den Klatschspalten der Presse entdecken Sie viele abschreckende Beispiele, wie dumm sich andere verhalten. Auch davon können Sie lernen.

Dennoch ist es wichtig, sich überwiegend mit dem eigenen Fortkommen zu beschäftigen. Den ganzen Tag das Leben anderer Menschen zu beobachten, macht natürlich keinen Sinn. Und erst recht nicht, wenn Sie davon emotional negativ berührt werden. Gedankliche Hygiene ist wichtig. ■

BULLSHIT RULE #21
LEBE NICHT IN EINER FANTASIEWELT

»Fantasie ist wichtiger als Wissen, denn Wissen ist begrenzt.« Dieses Zitat wird Albert Einstein zugeschrieben. Und es besticht durch seine Logik, denn dem Wissen geht in den meisten Fällen eine These voraus. Und diese ist bis zu ihrem Beweis nichts anderes als eine gedankliche Vorstellung, die oft als Hirngespinst abgetan wird – vor allem in der Wissenschaft. Auch der weltberühmte Astrophysiker Stephen Hawking ermutigte die Menschen, ihrer Fantasie freien Lauf zu lassen.

Alles Menschengeschaffene, das wir um uns herum sehen, war einmal eine Idee. Bevor es das Telefon gab, hatte ein Physiklehrer namens Philipp Reis die Idee, Sprache mit Hilfe elektrischen Stroms in die Ferne zu übertragen. Was werden ihm wohl die Menschen gesagt haben, als er ihnen seine seltsame Idee präsentierte? Vielleicht etwa: »Du lebst in einer Fantasiewelt.« Zumal er erst 27 war, als er den Apparat dann tatsächlich präsentierte. Vielleicht ist es ein Vorteil der Jugend, freier im Denken zu sein. Steve Jobs, Bill Gates, Mark Zuckerberg – sie alle waren in ihren Zwanzigern, als sie weltverändernde Produkte erfanden. Und sie alle mussten sich die Unkenrufe der »Erwachsenen« anhören.

Der Fortschritt lebt von Ideen. Natürlich besonders von Ideen, die auch in die Tat umgesetzt werden. Die Realität, in der wir tagtäglich leben, war einmal reine Fiktion: der Strom, der unser Haus erleuchtet; das Auto oder der Zug, mit dem wir zur Arbeit fahren; das Mobiltelefon, mit dem wir telefonieren und im Internet surfen können. Wenn wir etwas nicht wissen, »googeln« wir es. All diese Innovationen waren einmal »Hirngespinste«. Ihre Erfinder hatten aber den Mut, ihren Ideen auch Taten folgen zu lassen. Es kostet vielleicht nicht so viel Mut, Fantasie zu haben. Aber umso mehr, sie in die Realität zu überführen. Wir leben in einer hoch entwickelten Zeit mit so viel Komfort wie nie zuvor. Wir dürfen diesen Umstand nicht als gegeben hinnehmen, sondern müssen der menschlichen Fantasie Tribut zollen. Unsere Vorstellungskraft ist ein Geschenk, das wir nicht vergeuden oder belächeln sollten. Die bloße Vorstellung, etwas möglich zu machen, ist immer der erste Schritt, um das angeblich Unmögliche zu vollbringen. ■

BULLSHIT RULE #22
MACH DICH NICHT LÄCHERLICH

Hinter diesem Rat steckt ein uralter und natürlich verständlicher Wunsch. Wir Menschen möchten gerne zu einer sozialen Gruppe gehören, am liebsten zur größten und stärksten. Die Eintrittskarte zu der jeweiligen Gruppe heißt Konformität. Man sollte möglichst ähnlich sein, ähnlich denken und sich ähnlich verhalten. Das geht so weit, dass in manchen Nachbarschaften vor jedem Haus der gleiche Autotyp steht. Einmal in die Gruppe aufgenommen, darf man natürlich auch nicht mehr aus der Reihe tanzen. Um beim Nachbarschaftsbeispiel zu bleiben: Wenn vor jedem Haus ein Volkswagen steht, dürfen Sie keinen Ferrari kaufen. »Mach dich doch nicht lächerlich. Was willst du mit so einem Teil?«

Sie können nicht beides haben: Sie können entweder zur bestehenden Gruppe gehören oder den Ferrari kaufen. Sie müssen sich für eine Seite entscheiden. Und die beste Entscheidung ist immer, sich lieber lächerlich zu machen und seinen Traum zu leben, als sich anzupassen und ein mittelmäßiges Leben zu führen. Wobei »lächerlich« immer relativ zu betrachten ist. Die Bewertung geschieht ja durch die besagte Gruppe. Eine andere Gruppe kann es als völlig normal ansehen, was Sie tun. Haben Sie in Beverly Hills einen Ferrari, gilt das als nichts Besonderes. Was in der alten Nachbarschaft als lächerlich galt, ist hier Alltag.

Ebenfalls fatal an dem Ratschlag ist, dass er Veränderungsprozesse und Experimente untergräbt. Wichtig für unser Fortkommen ist, dass wir neue Dinge testen und neue Erfahrungen machen. Wenn wir jedoch immer Angst vor der Reaktion oder der Bewertung anderer haben, fahren wir mit angezogener Handbremse durchs Leben. Befreien Sie sich davon. Sie haben grundsätzlich zwei Möglichkeiten: Entweder Sie lernen, mit den Kommentaren und Blicken umzugehen, oder Sie wechseln einfach das Umfeld. Um wieder das banale Auto-Beispiel zu bemühen: Ziehen Sie in eine Nachbarschaft, in der es normal ist, ein teures Auto zu fahren. Oft bewirken solche Umfeld-Wechsel übrigens Wunder. Menschen entfalten ganz neue Potenziale, wenn sie in der richtigen Umgebung sind. Wichtig ist, dass Sie den Nährboden für Ihre Träume und Ziele bereiten. Sie müssen alles daran setzen, sich von der Bewertung anderer freizumachen und Ihr Ding zu machen – ob nun lächerlich oder nicht. ■

BULLSHIT RULE #23
MACH KEINEN FEHLER ZWEIMAL

Der österreichische Schriftsteller Ernst Ferstl hat einen bedenklichen Aphorismus geprägt, der fleißig im Netz verbreitet wird: »Angesichts der Tatsache, dass die Menschheit nicht fähig ist, aus den Fehlern der Vergangenheit zu lernen, dürfen wir uns in Zukunft keine Fehler mehr leisten.« Ohne Kontext führen solche Zitate zu der Überzeugung, dass Fehler zu vermeiden sind. Und einen Fehler wiederholt zu begehen, grenzt dann an eine Todsünde, wie manche glauben.

Das Gegenteil ist der Fall, auch wenn es wehtut. Niemand begeht gerne einen Fehler. Und wenn wir ihn zweimal machen, möchten wir am liebsten im Boden versinken. Aber warum eigentlich? Weil wir von Natur aus eine Fehleraversion haben? Auch das ist ein Trugschluss. Denn nur durch wiederholte Fehler lernen Babys, wie der eigene Körper und der Rest der Welt funktionieren. Würde man ein Baby beim Laufenlernen bestrafen, sobald es das zweite Mal hinfällt, würde unsere Spezies wohl kaum aufrecht laufen. Auch könnte niemand Fahrrad fahren oder schwimmen. Auch würden bis heute keine Flugzeuge fliegen und Computer gäbe es auch keine. Nicht mal elektrisches Licht hätten wir, denn Thomas Edison musste nach eigener Aussage 10 000 Fehlschläge hinnehmen, bis die Glühbirne endlich dauerhaft brannte.

Wir müssen also Fehler öfter machen und daraus lernen, bevor wir etwas beherrschen. Aber warum schämen wir uns dann dafür? Eine Erklärung besagt, dass wir uns unterlegen fühlen, weil wir glauben, anderen gelingt mehr als uns. Damit einher geht die Angst, nicht zur Gruppe zu gehören. Außerdem werden wir ab einem bestimmten Alter konditioniert, weniger Fehler zu machen. Das Verhalten, das uns bis dahin so erfolgreich werden ließ, wird uns nunmehr abtrainiert. Wir bewundern allerdings Menschen wie Thomas Edison oder Elon Musk, die zwar reihenweise Fehler machten, dadurch aber große Erfinder wurden. Natürlich gibt es auch einen Preis des Fortschritts. Manchmal sind Fehler nicht nur unangenehm, sondern sogar fatal. Menschen können zu Schaden kommen, wenn der Autopilot im Flugzeug falsch programmiert ist. Flugreisen sind heute deshalb so sicher, weil in der Vergangenheit Fehler gemacht wurden. Aus diesen manchmal katastrophalen Fehlern haben wir gelernt. Aber ohne diese Fehler wären wir nie vorangekommen. So »teuer« sie auch waren.

Akzeptieren Sie, dass Fehler – auch wiederholte – zum Vorwärtskommen zwingend nötig sind. Sie müssen Ihre Fehler nicht feiern, aber Sie sollten sich mit ihnen anfreunden. Blenden Sie die Reaktion anderer aus. Die Masse der Menschen tritt auf der Stelle, weil ihr der Mut fehlt. Lernen Sie, aus dieser Masse herauszutreten. Lassen Sie sich auf Fehler ein, wenn Sie mehr Erfolg anstreben. Am Erfolg hängt stets ein Preisschild.

BULLSHIT RULE #24
MAN KANN ALLES LERNEN

Das menschliche Gehirn ist ein Wunder. Wahrscheinlich ist es sogar das größte Wunder auf unserem Planeten. Es ist so besonders, dass selbst die Wissenschaft erst einen kleinen Teil dessen erklären kann, was in ihm vorgeht. Wir wissen wahrscheinlich mehr über das Universum als über unser eigenes Gehirn. Was wir wissen, ist, dass wir mithilfe unseres Gehirns nahezu alles Vorstellbare erlernen können.

Wahr ist aber auch, dass wir nicht alles gleich gut lernen können. Die meisten Menschen haben Talente und Fertigkeiten in bestimmten Bereichen. In anderen Bereichen sind sie mittelmäßig oder sogar unterirdisch schlecht. Wir alle haben in der Schule ungefähr dasselbe gelernt, aber wir beherrschen nicht alles gleich gut. Wer ausgezeichnet rechnen kann, schreibt vielleicht keine besonders guten Aufsätze. Wer in einem Handwerk versiert ist, singt möglicherweise nicht sonderlich gut.

Bei all der Theorie ist aber die Praxis viel wichtiger. Die Frage ist nicht, was wir alles lernen können, sondern was wir lernen sollten. Wer eine Karriere in der Biologie anstrebt, muss nicht wissen, wie man eine Orgel stimmt oder eine Gitarrensaite aufzieht. Das Geheimnis des Erfolgs liegt darin, sich auf das zu konzentrieren, was für das Ziel wesentlich ist, und alles andere auszublenden. Bringen Sie alles über das in Erfahrung, was Sie tun möchten, und lernen Sie von den Besten. Kaufen Sie Bücher, belegen Sie Kurse und hören Sie Experten zu, wo Sie nur können. Lernen Sie, der oder die Beste in diesem Fach zu werden. Und immer, wenn sich eine Gelegenheit ergibt, etwas anderes zu lernen, fragen Sie sich erst, wie sehr es Ihnen hilft und ob Sie es wirklich wollen. Denn oft müssen wir Prioritäten setzen, wenn wir in einem Fach tatsächlich virtuos werden wollen. Ehrlich gesagt sind die meisten Koryphäen eines Fachs nicht sonderlich bewandert auf anderen Gebieten. Und es stört sie auch überhaupt nicht, denn es macht sie glücklich, was sie tun. Die Frage, was Sie wirklich im Leben wollen, sollte viel wichtiger sein als die Frage, was Sie alles tun oder lernen könnten. Das Glück finden Sie eher in der einen Sache statt in einer Vielzahl von Sachen. Beginnen Sie immer mit der Frage: Brauche und will ich das wirklich? ∎

BULLSHIT RULE #25
MAN KANN IM LEBEN NICHT ALLES HABEN

Hinter dieser mahnenden Aussage steckt ein sehr limitierender Glaubenssatz. Wir reden uns ein – oder lassen uns einreden –, dass jeder Mensch nur eine begrenzte Anzahl an Chancen im Leben hat. Und wir sollten mit dem zufrieden sein, was wir haben oder was gerade vor uns liegt. Dass wir nur eine gewisse Anzahl von Möglichkeiten haben, ist allerdings kein Fakt, sondern ein Irrglaube.

Der Unterschied zwischen Ihnen und einem Thomas Alva Edison, der zu Lebzeiten über 1000 Patente angemeldet hat, ist nur Ihre Vorstellungskraft. Sie können natürlich sagen, Ihr Erfindergeist sei nicht so ausgeprägt wie der von Edison. Und damit liegen Sie aller Wahrscheinlichkeit nach richtig. Aber andersherum ist es eben auch falsch, nämlich zu behaupten, Ihnen stünde im Leben nur eine Handvoll Gelegenheiten zur Verfügung. Leute wie Edison geben einfach nicht so schnell auf. Wo der überwiegende Teil der Menschen nach dem zweiten oder dritten Versuch aufgibt und sich selbst tröstet mit den Worten »Man kann im Leben nicht alles haben«, versucht es ein Edison noch 9997 weitere Male, bis er Erfolg hat. So ungefähr soll es bei der Auswahl des richtigen Materials für seine Glühbirne passiert sein. Man kann fast alles haben, wenn man bereit ist, die Geduld aufzubringen, um ans Ziel zu gelangen.

Wenn es überhaupt eine Ausnahme gibt, dann diese: Man kann nicht alles gleichzeitig haben. Denn wir müssen Ressourcen wie Zeit opfern und uns auf eine Sache konzentrieren, um etwas zu schaffen.

Sehen Sie sich die Geschichten von zahlreichen Musikern an, die jahrelang auf der Straße saßen und sich kaum die Butter auf dem Brot leisten konnten. Sie haben an ihrer Leistung gefeilt, an ihren Erfolg geglaubt und Aufmerksamkeit erzeugt. Belohnt wurden Straßenkünstler wie der britische Musiker Ed Sheeran mit dem großen Erfolg. Er heiratete seine Traumfrau, wurde Vater, löste die Band U2 als Rekordhalter für die erfolgreichste Stadion-Tournee ab und wurde von Prinz Charles in den »Order of the British Empire« berufen.* Es wäre ermüdend aufzuzählen, was der harmlos aussehende Musiker alles erreichen konnte. Zuletzt machte er sich daran, sein eigenes Dorf, »Sheeranville«, zu bauen, indem er alle Häuser und Grundstücke um sein Anwesen herum aufkaufte.** Man kann nicht im wahrsten Sinne alles auf der Welt haben, aber sehr viel, wenn man bereit ist, dafür zu arbeiten. ■

---

* https://de.wikipedia.org/wiki/Ed_Sheeran

** https://www.rnd.de/promis/ed-sheeran-will-nachbarn-loswerden-fur-sheeranville-SHGRINB2CJAQPGBGEAWY7LEGW4.html

BULLSHIT RULE #26
NICHT ÜBERHEBLICH SEIN

Das Wörterbuch sagt uns, dass überhebliche Menschen ihre eigenen Fähigkeiten überschätzen. Mit anderen Worten: Sie wollen etwas schaffen, dass sie bisher noch nicht geschafft haben. Hätten Albert Einstein, Thomas Edison oder Elon Musk auf diesen dummen Rat gehört, sich nicht selbst zu überschätzen, wären sie niemals in die Geschichtsbücher eingegangen.

Bis zum 6. Mai 1954 galt es für einen Menschen als unmöglich, eine Meile (1609 Meter) unter vier Minuten zu laufen. Viele Läufer weltweit schafften sehr gute Zeiten, aber niemand riss die magische Vier-Minuten-Grenze. Auch der Läufer Roger Bannister lag immer darüber. Doch an besagtem Datum »überschätzte« er sich zum ersten Mal. Er vergaß die bisherigen Grenzen seiner Fähigkeiten und lief schneller, als es je ein Mensch getan hatte. Als der Stadionsprecher die Rekordzeit verkünden wollte, brach, nachdem er die Zahl drei ausgesprochen hatte, ein solches Geschrei aus, dass die letzten Zahlen gar nicht mehr zu verstehen waren. Zum ersten Mal in der Geschichte der Menschheit hatte es ein Mensch geschafft, die Meile unter vier Minuten zu laufen – es waren 3 Minuten und 59 Sekunden. Interessanterweise hielt dieser Rekord nur wenige Wochen. Nachdem auch andere Läufer »überheblich« wurden und ihre bisherigen Grenzen infrage stellten, schafften es diverse weitere Sportler, diesen Rekord zu unterbieten. Der aktuelle Rekord liegt heute bei 3 Minuten und 43 Sekunden.

Egal, in welchen Bereich der Weltgeschichte wir blicken, wir werden immer auf Menschen stoßen, die es ihrer Selbstüberschätzung zu verdanken hatten, dass sie bisherige Grenzen einreißen konnten. Unser Gehirn ist ein mächtiges Werkzeug. Was wir ihm einprogrammieren, wird zur Realität. Allerdings ist es sehr viel leichter, sich etwas zu merken als etwas zu vergessen. Die Grenzen, die unser Umfeld und wir selbst uns eingeredet haben, bestimmen unsere Ergebnisse. Carol Dweck, früher Professorin für Psychologie an der Harvard University, unterscheidet in ihrem Buch *Selbstbild* zwischen einem statischen und einem dynamischen Selbstbild. Menschen mit einem statischen Selbstbild sehen sich sozusagen als Opfer ihrer Erbanlagen. Menschen mit einem dynamischen Selbstbild hingegen glauben an das eigene Wachstumspotenzial. In Experimenten fand sie heraus, dass Menschen ihre Fähigkeiten um ein Vielfaches verbessern konnten, wenn sie ihr Denken veränderten. ■

BULLSHIT RULE #27
NIMM DIE ABKÜRZUNG

Der Mensch ist darauf trainiert, mit seinen Ressourcen hauszuhalten. Wir wollen mit möglichst wenig Aufwand möglichst viel erreichen. Und wir wollen unser Ziel schnell erreichen. Die Realität ist allerdings, dass die Verbindung zwischen zwei Punkten nicht immer eine gerade Linie ist. Denn wir vergessen dabei die Hindernisse und Unwägbarkeiten. Für diese müssen wir zusätzliche Wegstrecke in Kauf nehmen und am besten schon einplanen, bevor wir uns auf den Weg machen. Denn neben der Logik herrscht auf dieser Welt noch ein weiteres, enorm wichtiges Gesetz: das der Wahrscheinlichkeit. Wie oft haben Sie sich bereits etwas vorgenommen und es stellte sich heraus, dass es doch länger dauerte als gedacht? Eigentlich fast immer. Somit können wir uns der Illusion entledigen, dass es besonders viele empfehlenswerte Abkürzungen gibt.

Fahrstühle sind ein sehr plastisches Beispiel. In den meisten Gebäuden ist der Fahrstuhl – zumindest über kurze Distanzen – nicht schneller als die Treppe. Die Zeit, die vergeht, bis er kommt, die Tür öffnet, die Tür wieder schließt, losfährt und bei Ankunft die Tür erneut öffnet, ist meistens länger als der Fußweg. Aber es ist der bequemere Weg. Wir suchen meistens keine Abkürzung im Sinne eines schnelleren Wegs, sondern eine Möglichkeit, in unserer Komfortzone zu bleiben.

Es gibt gute Gründe dafür, bewusst den längeren Weg zu nehmen. Er macht uns stärker und besser. Wer sich anstrengen und Hindernisse überwinden muss, baut sich ein Fundament auf, von dem er auch in der Zukunft profitiert. Wir lernen etwas dabei, was uns der Weisheit ein Stück näher bringt. Denken Sie an jemanden, der durch Zufall zu einem Vermögen kommt – durch eine Erbschaft zum Beispiel. Er hat zwar das Geld auf dem Konto, weiß aber nach wie vor nicht, wie man ein solches Vermögen aufbaut geschweige denn, wie man damit umgeht. Die Wahrscheinlichkeit ist hoch, dass es nach kurzer Zeit verbraucht ist und der Erbe bald wieder mit nichts dasteht. Haben Sie sich hingegen das Geld über Jahre hinweg selbst erarbeitet, zwischendurch kleine Fehler gemacht und gelernt, wie Geld funktioniert, ist die Wahrscheinlichkeit ungleich höher, dass Sie es behalten und vermehren. ■

BULLSHIT RULE #28
REDE NUR, WENN DU GEFRAGT WIRST

Diese Regel zitiert man allen voran Kindern, die sich ungefragt in ein Gespräch einmischen, das sie scheinbar nichts angeht. Nur wie sollen Kinder jemals das Niveau von Erwachsenen erreichen, wenn sie nicht an deren Gesprächen teilhaben dürfen? Mit Kindern richtig zu sprechen, macht in der Entwicklung einen immensen Unterschied, fanden Wissenschaftler des MIT heraus.* Und dabei kommt es besonders darauf an, wirklich ein Gespräch mit dem Kind zu führen, statt nur Worthülsen oder Anweisungen in Richtung Zögling zu kommunizieren. Den Forschern zufolge hören Kinder aus wohlhabenden Familien 30 Millionen mehr Wörter in den ersten drei Lebensjahren als Kinder aus ärmeren Familien.

Würden wir hier den dummen Rat gelten lassen, dass Kinder nur reden sollen, wenn sie gefragt werden, müssten wir feststellen, dass sich daraus kaum interaktive Gespräche entwickeln können. »Hast du deine Hausaufgaben gemacht?« Die Antwort darauf wären wohl maximal drei Worte. Und als geschlossene Frage formuliert ergibt sich nicht mal ein Gespräch. Wir haben es hier besonders deshalb mit einer echten Bullshit-Regel zu tun, weil viele

---

* https://www.derstandard.de/story/2000074344569/gespraeche-machen-kinder-schlau

Kinder diese Lehre mit in ihr Erwachsenenleben nehmen. Sie reden auch als Erwachsene nur dann, wenn sie gefragt werden. Das geht so weit, dass viele Missbrauchsfälle erst Jahrzehnte später aufgedeckt werden. Fragt man die Opfer, warum sie nie davon erzählt haben, kommt nicht selten die verstörende Antwort: »Ich wurde nie gefragt.«

Sich nur dann mitzuteilen, wenn man gefragt wird, kann niemals der richtige Weg sein. Im Leben kommen Sie dann weiter, wenn Sie für sich und Ihre Überzeugungen einstehen. Heiraten Sie nicht erst dann, wenn Sie gefragt werden. Nehmen Sie die nächste Karrierestufe nicht erst dann, wenn Sie gefragt werden. Berichten Sie über Ungerechtigkeiten nicht erst dann, wenn Sie gefragt werden. Reden Sie! Jetzt! Andere Menschen werden Ihr Licht dann erkennen, wenn Sie sich mitteilen – auch unaufgefordert. Das Gespräch führt, wer das Wort ergreift. ∎

BULLSHIT RULE #29
SCHALTE DEINEN VERSTAND EIN

Die Welt ist kein rationaler Ort, zumindest nicht, seitdem Menschen sie bevölkern. Ob Wirtschaft oder Politik – alles ist menschengemacht. Wir haben es daher sehr oft nicht mit Ratio und Logik, sondern mit Emotionen zu tun. Emotionen sind der kleinste und gleichzeitig unberechenbarste gemeinsame Nenner unter den Menschen. Nicht nur, dass wir in andere nicht hineinschauen können, viele Menschen fühlen sich gar als Opfer ihrer eigenen Emotionen.

Darum müssen Sie Ihren Kopf dazu benutzen, die Emotionen anderer zu verstehen und darauf angemessen zu reagieren, statt nur mit faktischen Argumenten um sich zu werfen. Haben Sie schon einmal versucht, einem wütenden Menschen »vernünftig« zu erklären, warum er im Unrecht ist? Wenn nicht, versuchen Sie es erst gar nicht. Dieses Phänomen bezieht sich aber nicht nur auf die unmittelbare Interaktion mit einem Gegenüber, sondern gilt ebenso für die gesamte Wirtschaft, Politik, Wissenschaft und Gesellschaft. Sie alle bauen auf den Emotionen ihrer Teilnehmer auf. Und jeder von ihnen verfolgt eigene Ziele, die meist im Verborgenen bleiben. Wir dürfen nicht der Annahme verfallen, Menschen wirklich kennen zu können. Dennoch haben Menschen auch Gemeinsamkeiten. Sie wünschen sich unter anderem Sicherheit, Zugehörigkeit, Anerkennung und Selbstverwirklichung. Wenn Sie es schaffen, auf diese Bedürfnisse einzugehen und den Menschen das zu geben, was sie im tiefsten Inneren wollen, wird Ihnen eine schon fast unheimliche Macht zuteil. Charismatische Anführer sind nicht solche, die die Ratio ansprechen, sondern jene, die mit Emotionen umzugehen wissen.

Was aber vor allem zählt: Lassen Sie Ihr Herz entscheiden, was Sie im Leben tun. Vergessen Sie den Kopf. Hier kommt die Selbstverwirklichung zum Tragen. Allzu viele Studenten schreiben sich in den Studiengang ein, der ihnen rational gesehen am sinnvollsten erscheint. Als der Computer die Welt eroberte, meinten viele, Informatik sei die beste Wahl im Studium. Bis sie feststellen mussten, dass das Herz etwas anderes will. Sie können emotionale Bedürfnisse nicht mit Logik befriedigen. Sie sollten sich für die Dinge im Leben entscheiden, bei denen Ihr Herz aufgeht, nicht für die, bei denen Ihr Kopf behauptet: »Gute Wahl.« Würden Sie sich lieber für eine Vernunftehe statt für eine Ehe aus Liebe entscheiden? Nein? Dann sollten Sie dieses Prinzip auch auf andere Entscheidungen anwenden. In welchem Haus Sie leben und welchen Beruf Sie ausüben sollten Herzensangelegenheiten sein. ■

BULLSHIT RULE #30
SCHUSTER, BLEIB BEI DEINEM LEISTEN

Als Leisten wird im Schusterhandwerk das Gestell bezeichnet, auf den der Schuh gezogen wird, um ihn dann zu bearbeiten. Der sprichwörtliche Rat soll uns sagen: Bleib bei dem, was du hast und kannst. Lass die Finger von anderen Tätigkeiten. Grundsätzlich muss man natürlich anerkennen, dass es Sinn macht, angeborene Talente zu nutzen. Wenn es Sie glücklich macht, Ihr Talent auszuleben, ist das die beste Situation, die Ihnen im Leben widerfahren kann. Jedoch sind Sie keineswegs an Ihren Schuhspanner gebunden. Denn Sie können Ihr handwerkliches Talent auch anderweitig zum Einsatz bringen und dabei Ihre Erfüllung finden. Dumm wäre nur, wenn Sie immer wieder dasselbe tun, sich aber andere Ergebnisse erhoffen.

Denn es gibt auch eine andere Realität, in der Menschen einfach den falschen Beruf ausüben. Man hat sich in der Uni in den erstbesten Studiengang eingeschrieben, einen mittelmäßigen Abschluss darin gemacht, einen Job gefunden, der für ein Auskommen sorgt, und lebt nun vor sich hin. Man sollte lieber früher als später entscheiden, diesen falschen Weg zu verlassen. Nichts sollte wichtiger sein, als ein glückliches und erfolgreiches Leben zu leben. Dazu gehört vor allem der richtige Beruf, denn ihm widmen wir einen großen Teil unserer Lebenszeit. Die eigene

Leidenschaft ist dabei entscheidend. Etwas, das wir lieben und unserer Persönlichkeit entspricht, können wir herausragend tun.

Nicht zuletzt ist es das Experimentieren, was das Leben spannend macht. Ein Sprichwort besagt, man bereut am Lebensende viel mehr die Dinge, die man nicht getan hat, statt die, die man getan hat. Darum sind Sie gut beraten, viele Angebote des Lebens auch zu nutzen und Erfahrungen zu machen. Nicht jede dieser Erfahrungen wird von Erfolg gekrönt sein, aber sie haben Sie bereichert und der Weisheit ein Stück näher gebracht. Zu wissen, was man nicht will, ist mindestens so wichtig, wie zu wissen, was man will.

BULLSHIT RULE #31
SCHWIMME GEGEN DEN STROM

Wenn Sie das tun, was die Masse tut, werden Sie bekommen, was die Masse bekommt. In diesem Sinne ist es tatsächlich oft wichtig, gegen den Strom zu schwimmen. Allerdings ist die Metapher nur dann sinnvoll, wenn Sie irgendwann abbiegen und an einen Platz gelangen, der Ihnen das gibt, was Sie immer wollten.

Es kostet sehr viel Energie, dauerhaft gegen den Strom zu schwimmen. Auch die Lachse, die im Erwachsenenalter das Meer verlassen und die Flüsse aufwärts und gegen den Strom schwimmen, haben ein Ziel vor Augen. In den oberen Läufen der Flüsse finden sie optimale Bedingungen vor, um ihre Eier zu legen, und der Nachwuchs kann sich in einer lebensfreundlicheren Umgebung entwickeln. Aber die Eltern sind da längst wieder mit dem Strom geschwommen, zurück ins Meer, wo sie in ihrer natürlichen Umgebung leben und ausreichend Futter finden. Und auch der Nachwuchs wird später die Reise zum Meer antreten, um erwachsen zu werden.

Es gibt viele Dinge, die Sie anders tun sollten als die Masse. Es gibt viele Situationen, in denen Sie gegen den Strom schwimmen sollten. Aber Sie müssen nicht gegen alles kämpfen, nur um zu kämpfen, und ganz sicher nicht dauerhaft. Bedenken Sie eines: Der Milliardär ist zwar gegen den Strom geschwommen, als er eine neue Idee hatte, aber die Milliarden hat er gemacht, weil die Masse sein Produkt haben wollte. Sie können am Anfang mit Ihrer Idee allein sein, manchmal müssen Sie es sogar, aber Sie dürfen es nicht bleiben. Sie müssen es Ihrer Idee irgendwann ermöglichen, mit dem Strom zu schwimmen. ■

BULLSHIT RULE #32
SEI DOCH MAL ZUFRIEDEN

Genügsamkeit! »Es reicht doch, wie es ist. Es muss auch mal genug sein.« Das ist kleingeistiges Denken. Und wenn man es genau nimmt, hilft es auch der Gesellschaft nicht. Wir müssen uns nämlich fragen, was Fortschritt ist und welchen Stellenwert er für uns und die Gesellschaft hat. Fortschritt nährt sich aus der Unzufriedenheit mit dem Status quo – so, wie es ist, soll es nicht bleiben. Es muss besser werden. Wir können den Fortschrittswillen in zwei Ebenen unterteilen: in die persönliche und die gesellschaftliche. Es ist nichts falsch daran, Verbesserung auf egoistischer Basis anzustreben. Wir alle haben eine limitierte Zeit auf Erden und dürfen diese Zeit voll auskosten. Wir können sie so gestalten, wie es uns beliebt. Wir sollten keine schlechten Egoisten sein – also nicht anderen Menschen bewusst Schaden zufügen, um selbst zu profitieren. Aber ansonsten sind uns kaum Grenzen gesetzt. Wir können stetig wachsen, ohne je ein Ende zu erreichen. Das Leben lässt sich grenzenlos optimieren. Sie können noch gesünder, noch reicher und noch erfüllter sein. Und es ist kein Paradoxon. Je unzufriedener Sie sind, desto erfüllter können Sie sein. Immer vorausgesetzt, Sie handeln entsprechend. Sich ausschließlich zu beklagen, aber keinen Finger zu rühren, führt zu gar nichts.

Dann ist da noch die gesellschaftliche Ebene. Zwar beginnen die meisten Fortschritte aus egoistischen Beweggründen, zum Beispiel aus Wettbewerbsgründen, aber letztlich profitieren davon viele Menschen; manchmal sogar alle Menschen. Mit dem Automobil war man zum Glück noch niemals zufrieden. Es musste immer besser werden. Irgendwann kam der Anschnallgurt, dann der Airbag, dann neue Sicherheitssysteme und Konstruktionen, die heute dazu führen, dass Menschen sicherer als je zuvor reisen können. In der Medizin gibt es einen ständigen Fortschritt, der dazu führt, dass wir selbst schlimme Krankheiten und Unfälle überleben können. Neue Entwicklungen können gar verhindern, dass wir überhaupt erkranken. Im Umweltschutz waren wir nie zufrieden. Immer neue Filtersysteme und Aufbereitungstechniken führen dazu, dass viele Industrien bald klimaneutral produzieren können. Amazon-Gründer Jeff Bezos verfolgt dabei wohl die kühnste Vision: Die Schwerindustrie soll in den Weltraum verlagert werden, um die Produktionsrückstände völlig von der Erde und damit aus der Atmosphäre zu verbannen. Unzufriedenheit ist der Motor unserer modernen Welt. Das hat nichts mit Gier zu tun, sondern mit dem unbändigen Willen, es immer noch besser zu machen.

Und über allem – persönlich wie gesellschaftlich – steht die simple Tatsache, dass nichts jemals gleich bleibt. Im Laufe der Zeit geht es entweder aufwärts oder es geht abwärts. Bloße Beobachtung und Erfahrung belegen diesen Umstand. Wer »zufrieden« ist und nicht mehr am Aufwärts arbeitet, der öffnet dem Abwärts Tür und Tor. Ein Streben nach »weiter, besser, mehr« im Leben ist deshalb unabdingbar. ∎

BULLSHIT RULE #33
SEI IMMER HÖFLICH

Everybody's Darling ist auch everybody's Arschloch. Sie brauchen sich keine Illusionen zu machen, jedem Menschen auf der Welt gerecht werden zu können. Leute, die das versuchen, bekommen früher oder später Depressionen. Vor allem: Wer immer nur anderen gefallen will, gefällt sich irgendwann selbst nicht mehr.

Sie wären erstaunt, in welche Schwierigkeiten manche Menschen geraten, nur weil sie höflich sein wollten. Denn was für den einen höflich ist, nimmt der andere als Affront auf. Jemandem die Tür aufhalten? »So fit bin ich noch, die Tür selbst aufmachen zu können.« Einer Frau sagen, wie gut sie aussieht? »Das ist das Erste, was Ihnen einfällt? Mich auf mein Äußeres zu reduzieren?« Bei der Präsentation die geschmackvolle Büroausstattung des Kunden loben? »Wollen Sie jetzt zur Sache kommen oder über Inneneinrichtung philosophieren?« Ist das Ihr Tesla vor der Tür? »Ja, ich hasse dieses Auto. Es war ein Fehlkauf. Ich bin froh, wenn der Vertrag ausläuft.«

Hinter der Aufforderung, höflich zu sein, steckt auch oft nichts anderes als der Vorschlag, nicht die Wahrheit zu sagen. Dem Kind, das bei Tante und Onkel zu Gast bemerkt, wie fad der Kuchen schmeckt, wird schnell falsche Höflichkeit abverlangt. Schnell macht sich die Erkenntnis breit: Mit der Wahrheit kommt man wohl nicht weit. Noch schädlicher ist falsche Höflichkeit im Job. Wer schlechte Leistung abliefert, sollte es auch erfahren – ob vom Chef oder von Kollegen. Schließlich hat dies nicht nur Auswirkungen auf die individuelle Karriere des Mitarbeiters, sondern auch auf das Team- und Unternehmensergebnis. Niemandem ist geholfen, wenn er glaubt, alles richtig zu machen, wenn dem nicht so ist. Und wie groß die Enttäuschung eines Tages ist, wenn die Kündigung ins Haus flattert. All die Jahre wollte niemand etwas sagen, bis zum großen Erwachen. Das hingegen ist tatsächlich unfair.

Sie sollen niemandem absichtlich die Tür vor der Nase zuschlagen oder ins Gesicht spucken. Das ist asozial. Sie sollen auch niemandem unaufgefordert sagen, wie hässlich sie ihn oder sie finden. Das ist schlicht abwegig. Aber Sie müssen auch nicht Mister Nice Guy oder das weibliche Pendant sein, nur um allen zu gefallen. Ab und an kann es sogar als charismatisch gelten, etwas frech zu sein. Wie heißt es doch so schön? Sie können eigentlich alles sagen, solange es mit einem Lächeln geschieht. ■

BULLSHIT RULE #34
SEI NICHT SO FORDERND

Jemand, der fordernd ist, will etwas bewegen und/oder verbessern. Das ist eine gute Eigenschaft, keine schlechte. Natürlich macht es einen Unterschied, ob Sie auch selbst abliefern oder nur von anderen Verbesserung und Leistung fordern. Und auch hier macht der Ton die Musik. Grundsätzlich erweisen Sie der Welt jedoch einen Dienst, wenn Sie beharrlich nach Verbesserung streben.

Wichtig ist, das Gegenüber bei einer Forderung zuvor mit ins Boot zu holen, damit es sich nicht nur anfühlt wie eine Anordnung (was es natürlich ist), sondern wie ein gemeinsames Projekt. Niemand ist gerne Befehlsempfänger. Darum macht es Sinn, aus der Forderung eine Vision zu formulieren. Große Visionäre wie Steve Jobs haben diese Methode ein Leben lang perfektioniert. Der Apple-Gründer galt als extrem fordernd und wollte alles immer noch ein Stückchen besser machen. Vor allem aber gab er Termine vor, die die Angestellten stets zu der Annahme nötigten, dass es unmöglich sei, diesen Zeitplan einzuhalten. Jobs bemühte sich dann, die Grenzen einzureißen, die jeder von uns – geprägt durch die Vergangenheit – in seinem Kopf hat, und für eine neue Realität zu werben. In seiner Vision der Realität waren Dinge möglich, die andere sich nicht vorstellen konnten. Er ermutigte die Menschen zu vergessen, was gestern noch Gültigkeit hatte. Seine Mitarbeiter waren immer selbst erstaunt, wie oft er recht behielt und der scheinbar unrealistische Zeitplan eingehalten werden konnte. Steve Jobs veränderte das Gesicht der Welt ein großes Stück weit. Er war ein fordernder Mensch, wie so viele andere Menschen der Geschichte auch.

Wenn Ihnen jemand vorwirft, Sie seien »zu fordernd«, liegt es oft nur daran, dass Sie Ihr Gegenüber aus seiner Komfortzone herausholen. Menschen mit wenig Veränderungsbereitschaft möchten es bequem haben und nicht über Grenzen hinausgehen. Nur, dass in der Komfortzone kein Wachstum stattfinden kann. Erst wenn bei Ihrem Gegenüber die Lust am Gewinn höher ist als der Preis der Unbequemlichkeit, wird er Ihnen folgen. Andernfalls wissen Sie zumindest, dass Sie sich die Mühe sparen können. ∎

BULLSHIT RULE #35
SEI NICHT SO SELBSTVERLIEBT

Dieser vermeintliche Ratschlag kann getrost als versteckte Beleidigung eingestuft werden. Denn Selbstverliebtheit gilt gemeinhin als narzisstische Störung und als gesellschaftlich verachtenswert. Menschen, die sich selbst in den Fokus nehmen, müssen automatisch schlechte Genossen sein, nimmt man an.

Hier wird wieder deutlich, wie sehr unser Denken und Verhalten noch von der Steinzeit geprägt ist, in der sich viele der menschlichen Verhaltensmuster entwickelt haben. Damals schwebten die Menschen praktisch zu jeder beliebigen Zeit in Lebensgefahr. Überall lauerte der Tod. Den Blick nach außen zu richten statt nach innen, war also ein ganz praktischer Überlebensinstinkt. Man musste sich in die Gruppe einfügen und einander beschützen, um nicht gefressen zu werden. An Selbstverliebtheit war da nicht zu denken.

Zum Glück ist es heute sehr unwahrscheinlich, auf dem Weg zur Arbeit von einem Säbelzahntiger verspeist zu werden. Das gilt auch für unsere Mitmenschen, weshalb wir nicht ständig Angst um sie haben müssen. Wir leben mittlerweile seit Jahrhunderten in einer sehr komfortablen Welt, in der es nicht mehr nur darum geht zu überleben, sondern vor allem darum, Erfüllung zu finden. Auf einer

Zeitachse von 300 000 Jahren genügen diese wenigen Jahrhunderte allerdings noch nicht, um uns das Steinzeitverhalten auszutreiben. Wir müssen uns aktiv antrainieren, das Leben zu genießen. Sich selbst zu erforschen, ist ein Beginn. Zu verstehen, wer man ist und was einen glücklich macht, ist ein enormer Fortschritt. Und sich in diese Person zu verlieben, ist ein Sieg. Warum sollten Sie sich nur in andere Menschen verlieben dürfen? Und vor allem: Wie soll Sie ein anderer lieben, wenn Sie sich selbst nicht für liebenswürdig halten?

In der Psychologie unterscheidet man zwischen positivem und negativem Narzissmus.* Beim negativen liegt tatsächlich eine ernste Störung vor, geprägt von einem schlechten Selbstbild und wenig Selbstvertrauen. Der positive hingegen beschreibt eine gesunde Einstellung zu sich selbst und ein stabiles Selbstwertgefühl. Wie in einer Beziehung steht auch hier die Selbstverliebtheit dafür, mit sich selbst durch Dick und Dünn zu gehen und zu sich selbst zu stehen, egal, was andere sagen. Das eigene Selbstwertgefühl nicht von der Bewertung anderer abhängig zu machen, ist ein großer und wichtiger Schritt auf dem Weg zum Lebensglück.

---

* https://www.wicker.de/kliniken/hardtwaldklinik-ii/behandlungsschwerpunkte/erkrankungen-a-z/narzissmus/

BULLSHIT RULE #36
SEI NICHT VOREINGENOMMEN

Die ersten Frühmenschen sollen schon vor 2,8 Millionen Jahren auf der Erde gewandelt sein. Seit rund 300 000 Jahren gibt es uns moderne Menschen. Und in all dieser Zeit haben wir gelernt, unsere Umgebung schnell einzuschätzen, um unser Überleben zu sichern. Das hat sich so tief in unseren Urinstinkten eingeprägt, dass wir uns bereits eine Meinung gebildet haben, bevor wir Zeit haben, darüber nachzudenken. Wir sind Meister darin, unsere Umwelt zu analysieren, ohne dies bewusst steuern zu müssen. Und eben deswegen ist der Ratschlag, nicht voreingenommen zu sein, ungenau bis lebensgefährlich. Es ist eine gute Sache, dass Sie nicht vorurteilsfrei in ein Feuer laufen, einen wilden Bären streicheln oder von einer hohen Brücke springen. Unsere Voreingenommenheit, unsere Erfahrung, erweist uns in vielen Situationen gute Dienste. Das gilt auch in zwischenmenschlichen Beziehungen. Sie denken darüber nach, einem gewalttätigen Partner eine zweite Chance zu geben? Ein rückfälliger Alkoholiker bittet Sie um Ihr Vertrauen? Lassen Sie es bleiben, wenn Ihr Bauchgefühl Ihnen davon abrät. Wie oft haben Sie Ihr eigenes Bauchgefühl schon mit zu langem Nachdenken überstimmt und wurden später doch enttäuscht? Dieses Bauchgefühl ist nur eine Umschreibung unseres Instinktes, der seit fast drei Millionen Jahren geschärft wird. Sie können einwenden, dass es aber Ausnahmen gibt. Und das stimmt. Die Frage nach der Kosten-Nutzen-Rechnung bleibt aber. Wie oft hat Ihnen Ihr Bauchgefühl zum Beispiel vom Kontakt mit einer Person abgeraten? Sie haben das Gefühl ignoriert und sind später bitter enttäuscht worden?

Wir müssen uns stets bewusst machen, dass wir unsere Lebenszeit und Energie vielleicht nur einmal verbrauchen können. Unser Bestreben sollte sein, diese Ressource mit Sorgfalt einzusetzen. Anders zu handeln kann nicht nur zu Zeitverschwendung führen, sondern auch zu ernstem Schaden. Sollten Sie – zum Beispiel beruflich – darauf angewiesen sein, auch mit Menschen zu arbeiten, denen Sie nicht vertrauen, bleiben Sie ruhig voreingenommen und wachsam. Sie werden negative Zeichen schneller erkennen und können sich schützen. Es kann ebenso gut sein, dass Sie letztlich positiv überrascht werden. Sie haben in beiden Fällen gewonnen. ∎

BULLSHIT RULE #37
SEI ZUR RICHTIGEN ZEIT AM RICHTIGEN ORT

Viele Menschen warten ihr ganzes Leben lang auf den richtigen Moment. Sie zermartern sich den Kopf über die perfekte Entscheidung – ob Berufswahl, Partnerwahl oder Wohnort – anstatt einfach eine Entscheidung zu treffen, die in dem Moment am sinnvollsten erscheint. Studenten fragen sich oft ihr ganzes Studienleben, welche Branche wohl die einzig richtige ist für ihre Berufswahl. Nur um dann bei ihrer Abschlussprüfung festzustellen, dass sich die Welt um 180 Grad gedreht hat. Daraus müssen wir folgende Erkenntnis gewinnen: Es gibt keine richtigen Entscheidungen, sondern nur Entscheidungen. Ob sie richtig oder falsch war, wird erst die Zeit zeigen. Und das ist auch vollkommen in Ordnung, denn wir müssen akzeptieren, dass sich die Welt permanent verändert.

Viele meinen, dass einige Menschen zur richtigen Zeit am richtigen Ort waren und deshalb so erfolgreich werden konnten. Sie tun es eher als Zufall ab. Diese Annahme ist falsch. Erfolgreiche Persönlichkeiten waren zwar zur richtigen Zeit am richtigen Ort, aber sie waren viel häufiger zur falschen Zeit am falschen Ort. Sie haben allerdings dadurch die Chancen auf einen Sieg erhöht, in dem sie einfach ständig irgendwo waren. Wer einmal im Jahr in eine Bar geht, um den richtigen Partner kennenzulernen, wird denjenigen unterlegen sein, die einmal in der Woche in eine Bar gehen. Wer ein einziges Bewerbungsgespräch absolviert, in der Hoffnung, seinen Traumjob zu ergattern, wird sicher enttäuscht werden. Erfolgreiche Menschen haben verstanden, dass sie die Wahrscheinlichkeiten erhöhen müssen, um den »richtigen Zeitpunkt« zu erwischen.

Ein weiterer Punkt ist entscheidend: Wenn Sie tatsächlich zur richtigen Zeit am richtigen Ort sind, merken Sie es in der Regel nicht. Erst wenn Sie die gebotene Chance nutzen und zu einem Erfolg verwandeln, werden Sie – manchmal Jahre später – diesen Moment als den entscheidenden identifizieren. Darum gilt: Sie müssen immer bereit sein. ■

BULLSHIT RULE #38
SETZE DIR REALISTISCHE ZIELE

Diese Regel ist vor allem eines: verwirrend. Was ist mit »realistisch« gemeint? Soll es bedeuten, dass wir uns nur Ziele setzen, die schon mal von anderen erreicht wurden? Oder soll es uns darauf hinweisen, dass wir uns nur solche Ziele setzen, die unseren persönlichen Fähigkeiten entsprechen? Egal, für welche Deutung Sie sich entscheiden, – so funktioniert es nicht.

Ganz offensichtlich wäre die Welt nicht besonders weit gekommen, hätten wir nur solche Ziele verfolgt, die bereits erreicht wurden. Ich habe diese wichtige Tatsache nicht nur einmal in diesem Buch erwähnt: Sich mit dem Status quo zu begnügen, würde jegliche Evolution und Innovation verhindern. Glücklicherweise haben über Generationen hinweg viele Wissenschaftler, Politiker, Kulturschaffende, Mediziner und Unternehmer – um nur einige zu nennen – diese Regel ignoriert und die Welt besser gemacht. Vieles, was sich diese mutigen Frauen und Männer zum Ziel gesetzt hatten, galt bis dahin nicht als machbar. Fortschritt kann aber nur dann entstehen, wenn Menschen an Dinge glauben, die es erst noch zu beweisen gilt. Das wusste auch Hermann Hesse, als er sagte: »Damit das Mögliche entsteht, muss immer wieder das Unmögliche versucht werden.«

Und auch, wenn Ihnen die Fähigkeiten fehlen, die nötig sind, um Ihr scheinbar unrealistisches Ziel zu erreichen, ist das keine intelligente Ausrede. Denn der Mensch ist lernfähig. Alles, was Sie heute können, mussten Sie erst lernen. Warum sollten Erwachsene irgendwann aufhören, sich neue Fertigkeiten anzueignen? Das widerspricht dem gesunden Menschenverstand. Wenn Sie ein Ziel haben, das außerhalb Ihrer Reichweite zu liegen scheint, fragen Sie sich, was Sie dazulernen müssen, um es doch erreichen zu können. In den meisten Fällen müssen Sie übrigens nur Menschen finden, die das fehlende Know-how bereits besitzen, und mit diesen zusammenarbeiten. Auch das ist eine Fähigkeit.

Zu guter Letzt müssen wir uns eingestehen, dass wir Menschen wettbewerbsorientiert sind. Und dieser Gedanke gilt auch uns selbst gegenüber. Ihr volles Potenzial entwickeln Sie dann, wenn Sie sich herausgefordert fühlen. Je größer oder unrealistischer das Ziel ist, desto stärker wird unser Kampfgeist aktiviert. Wir entwickeln große Kraft, wenn wir im Wettbewerb stehen, – auch wenn wir selbst der Herausforderer sind. ■

BULLSHIT RULE #39
SPIELE NICHT MIT DEN GEFÜHLEN ANDERER

Hartnäckig hält sich das Gerücht, dass Menschen zwar emotionale Wesen sind, aber in vielerlei Hinsicht doch rational entscheiden. Das müsste jedoch zur Folge haben, dass wir in einigen Bereichen des Lebens alle gleich entscheiden. Schließlich gilt das Gesetz der Schwerkraft auch für alle Menschen auf der Welt gleichermaßen. Das erscheint uns logisch. Deshalb würde auch niemand erwarten, dass ein Gegenstand einfach schwebt, wenn wir ihn loslassen. Uns ist nämlich bewusst, dass die Schwerkraft überall auf der Erde gilt. Wenn wir allerdings glauben, ähnliche Logik-Gesetze würden auch für das menschliche Verhalten gelten, dann irren wir gewaltig. Denn dann müssten wir uns alle für das gleiche Fortbewegungsmittel, Haus, Essen und den gleichen Job entscheiden. Wir treffen unsere Entscheidungen aber basierend auf unseren Gefühlen. Und zwar ständig – wir können gar nicht anders.

Nach wie vor gilt die menschliche Entscheidungsfindung als sehr komplex für die Forschung, weshalb man noch immer nicht alle Phänomene erklären kann. Wir können aber davon ausgehen, dass sich Menschen zu keiner Zeit rein logisch verhalten, sondern immer durch den eigenen Emotionskosmos geleitet werden. Dadurch muss allerdings auch klar sein, dass wir dem Ratschlag, nicht mit den Gefühlen anderer zu spielen, so oder so nicht folgen können. Zum einen wissen wir nicht, wie die Gefühle des Gegenübers im Einzelnen zu bewerten sind. Weshalb wir auch die Reaktionen auf unsere Aktionen nicht einschätzen oder berechnen können. Zum anderen ist unser eigenes Verhalten ebenfalls zu keiner Zeit logisch begründet. Wenn Sie schon einmal versucht haben, einen Termin bei einem Psychologen zu bekommen, wissen Sie, dass die ganze Welt scheinbar Probleme damit hat, sich wenigstens selbst zu verstehen. Ganz zu schweigen von anderen.

Wir spielen ganz automatisch mit den Gefühlen anderer Menschen – auch ohne es zu wollen. Natürlich trifft auch die andere Variante zu: Menschen nutzen die Emotionen des Gegenübers gezielt aus, um einen eigenen Vorteil zu generieren. Uns muss zu jeder Zeit bewusst sein, dass der Mensch in seinem Kern egoistisch motiviert ist. ■

BULLSHIT RULE #40
STECK DEIN EGO IN DIE TASCHE

Bereits die Herleitung des Begriffs Ego zeigt, wie abstrus der Ratschlag ist. Ego ist nichts anderes als das lateinische Wort für »Ich«. Wie soll man sich selbst in die Tasche stecken? Oder ist gemeint, man sollte seine Persönlichkeit vergessen? Beides macht wenig Sinn.

Das Ich ist der Ausdruck unserer Identität. All unsere Stärken und Schwächen, unsere Geschichte, unsere Visionen und unsere Charaktereigenschaften formen unser Ego. So wie das Emblem auf der Motorhaube Ihres Autos gibt auch Ihr Ego ein gewisses Markenversprechen ab. Sie und andere können sich so identifizieren. Jedoch genießt das Ego keinen sonderlich guten Ruf, was eine Erklärung dafür sein könnte, dass so viele Menschen psychische Probleme haben. Wer sich selbst ständig verleugnet, kann keine positive Beziehung zum eigenen Inneren aufbauen. Genau die ist aber wichtig, um ein ausgeglichenes und glückliches Leben zu führen. Alles beginnt bei Ihnen. Das Spiegelgesetz besagt: Wie innen, so außen. Ihre Welt kann niemals in Ordnung kommen, wenn Sie nicht erst im Inneren für Ordnung sorgen. Und das beginnt nun mal mit der Beziehung zu sich selbst.

Was sollte so schlimm daran sein, sowohl zu seinen Schwächen als auch zu seinen Stärken zu stehen? Nichts davon müssen Sie verstecken oder »in die Tasche stecken«. Ihre Persönlichkeit darf sichtbar sein, so wie der Mercedes-Stern auf der Motorhaube thront. Was Ihnen in diesem Zusammenhang aber nie im Weg stehen sollte, ist falscher Stolz. Eben genau dann, wenn man seine eigenen Unzulänglichkeiten oder Fehler vertuschen will, stehen wir nicht zu uns und unserer Geschichte. Dann versuchen wir, jemand zu sein, der wir nicht sind. Und machen allerlei Verrenkungen im Umgang mit anderen Menschen, die uns letztlich daran hindern, erfolgreich zu sein. Falscher Stolz verführt uns zu lügen und Tatsachen zu verdrehen, nur damit unser Stolz keinen Kratzer bekommt. Investieren Sie diese Energie lieber in eine bessere Beziehung zu sich selbst und in Ihren künftigen Erfolg statt alten Fehltritten nachzuweinen und zu vertuschen. Schließen Sie Freundschaft mit Ihrem Ego. ■

BULLSHIT RULE #41
STEH IMMER ZU DEINEN ÜBERZEUGUNGEN

Wir kommen mit einer leeren Festplatte zur Welt. Wir sind ein unbeschriebenes Blatt mit nur einigen wenigen Grundeinstellungen in unserem Gehirn. Das Atmen müssen wir nicht lernen, der Augenaufschlag funktioniert auch automatisch. Und das war es auch schon fast. Alles andere haben wir im Laufe der Jahre gelernt. Dazu gehören unser komplettes Wissen sowie unsere Überzeugungen. Diese Wissensvermittlung erfolgt besonders in der frühen Kindheit ausschließlich über das enge Umfeld. Wir hören Dinge und nehmen sie in unserer Umwelt wahr. Nahezu ungefiltert übernehmen wir diese Informationen als absolute Wahrheiten auf. Kleinkinder hinterfragen Dinge nicht. Und wenn sie es im fortgeschrittenen Alter tun, werden sie meist ermahnt, Erwachsene nicht zu hinterfragen. Die Wahrheit ist aber: Vieles, was man Ihnen eingeredet hat, ist kompletter Unsinn. Es war nur eine Momentaufnahme der Person, die Ihnen dieses Wissen vermittelt hat. In der Regel können wir dem engen Umfeld eines Kindes – wie den Eltern – auch keine Böswilligkeit unterstellen. Es ist vielmehr das Stille-Post-Prinzip, das hier am Werk ist. Sie lernen etwas von Ihren Eltern, die es wiederum von ihren Großeltern gelernt haben. Dabei können entweder Informationen verloren gehen oder die Information war von vornherein unrichtig. Und wenn die Ausgangsinformation falsch ist, wird der ganze Prozess verfälscht. Haben Sie also gelernt, dass Geld den Charakter verdirbt, stehen die Chancen nicht schlecht, dass Sie heute noch immer kein Spitzenverdiener sind. Und wenn Sie durch Ihre guten Fähigkeiten doch einer sind, trauen Sie sich wahrscheinlich nicht, Geld zu sparen. Ihre Wahrheit ist: Solange ich nicht viel Geld habe, habe ich einen guten Charakter. Neben diesem vielleicht harmlosen Denk- und Verhaltensmuster gibt es aber auch weitaus schlimmere. Besonders solche, die einen religiösen Vorwand nutzen, um Hass gegen andere Ethnien oder Glaubensgemeinschaften zu schüren.

Ihre einzige Chance, aus diesen schädlichen Denkmustern herauszukommen, besteht darin, sich selbst zu belügen. Etwas milder ausgedrückt: Sie reden sich etwas ein, an das Sie noch nicht glauben. Das Gute am Menschsein ist, dass wir unsere Überzeugungen hinterfragen und ändern können. Durch Mittel wie Autosuggestion können Sie Stück für Stück Ihre limitierenden Glaubenssätze über Bord werfen und neue, hilfreichere gewinnen.

BULLSHIT RULE #42
SUCHE DIR VORBILDER

Sie sind ein Unikat. Wir sind alle Unikate. So wie Sie sind, ist niemand sonst auf der Welt. Das ist das Besondere am Homo sapiens. Jeder von uns bereichert die Welt auf seine ganz individuelle Weise – und das sollte auch so bleiben. Vorbilder bewirken das genaue Gegenteil. Sie versuchen jemanden zu kopieren, der Sie gar nicht sein sollen. Dahinter steckt der Wunsch, eine Abkürzung zu finden. Denn immer, wenn wir auf komplexe Themen stoßen, suchen wir nach Anleitung. Wie man einen Kuchen backt, verrät uns im Zweifel Google. Aber wenn es um die Entwicklung unserer Persönlichkeit geht, wollen wir uns die anstrengende Arbeit ersparen, und es scheint uns am einfachsten, jemand anderen zu kopieren, der bereits erfolgreich ist. Wir übersehen dabei aber, dass jede Person unter ganz individuellen Umständen aufgewachsen ist, Wissen aufgebaut, Talente entwickelt und Chancen genutzt hat, die sich von unseren Gegebenheiten aller Wahrscheinlichkeit nach komplett unterscheiden. Sie haben nicht ihre Eltern, nicht ihr Aussehen, nicht ihre Freunde und nicht ihr Denken. Egal, wie sehr Sie sich anstrengen, Sie werden immer Sie bleiben. Außerdem würden Sie auch die Fehler und dunklen Seiten Ihres Vorbildes ungewollt kopieren.

Was können Sie also tun? Sie können sich einzelne Gewohnheiten abschauen, die zu Ihren Zielen passen. Sehen Sie beispielsweise eine erfolgreiche Persönlichkeit, die ihren Erfolg unter anderem darauf schiebt, dass sie viele Bücher gelesen hat, können Sie sich diese Gewohnheit zum Vorbild nehmen. Oder hat sie eine Technik entwickelt, Zielsetzungen besonders effektiv umzusetzen, können Sie sich diese Technik zu eigen machen. Bei allen anderen Dingen sollten Sie sehr vorsichtig sein. Dazu gehört auch der Lebensstil. Viele wollen so leben wie ein Superstar. In Wahrheit könnte es Sie aber todunglücklich machen, so zu leben.

Sie müssen Ihre Ziele stets auf Ihren eigenen Werten aufbauen. Nur dann kann Sie etwas glücklich machen. Es muss Ihrem ganz eigenen höheren Zweck dienen. Dabei kann Ihnen kein Vorbild helfen. Es gibt keine Schablone für Glück – es gibt nur Ihre persönliche Schablone für Glück.

BULLSHIT RULE #43
TALENT SETZT SICH DURCH

Jeder hat Talent für etwas. Auch wenn dies nicht immer offensichtlich ist. Und viele Menschen haben sogar ein außergewöhnliches Talent. Es gibt zahllose begnadete Sänger, Maler und Schriftsteller. Trotzdem treten nur wenige von ihnen auf den großen Bühnen auf, ihre Werke hängen nicht in den Kunstgalerien, ihre Bücher wurden nie gedruckt. Talent, an dem man andere nicht teilhaben lässt, ist für die Welt vergeudet. Zwar erfreut es den Besitzer, aber niemanden sonst.

Talent ist nur der Anfang. Es ist sozusagen die Rohmasse, die für eine Torte nötig ist. Aber es gehört noch eine ganze Menge mehr dazu, das Kunstwerk zu vollenden. Die begabtesten Sänger der Welt trainieren täglich hart, um aus ihrem Talent auch einen Erfolg zu machen. Die talentiertesten Schwimmer perfektionieren ihren Stil so lange, bis sie als Olympiateilnehmer durchs Wasser gleiten. Und sie präsentieren ihr Talent, statt es zu verheimlichen. Nur dann kann sich Talent auch durchsetzen, nämlich wenn es mit einer gehörigen Portion Disziplin gepaart wird.

Disziplin kann aber auch Menschen zum Erfolg verhelfen, die weniger Talent haben. Einige der erfolgreichsten Menschen der Welt behaupten von sich, kein besonderes Talent zu besitzen, es aber durch die Kultivierung von Arbeitsethos und Durchhaltevermögen bis an die Spitze gebracht zu haben. Ihnen gibt der folgende Spruch scheinbar recht: Fleiß schlägt jedes Talent. Damit kommen wir zur Ausgangslage zurück. Da draußen schlummern viele Talente, aber sie schlummern halt. Niemand nimmt Notiz von ihnen und sie schlagen auch keinen Vorteil für sich und ihre Familien daraus. Denn ohne Fleiß ist es nur eine unbearbeitete Rohmasse. Die Fleißigen hingegen müssen zwar oft gegen die Wand rennen, finden aber irgendwann die richtige Tür und schaffen sich den Erfolg durch ihre Disziplin. Sie ist vor allem dafür wichtig, bei oft vielen Misserfolgen nicht aufzugeben. Nur wer durchhält, wird belohnt. Im Internet können Sie Videos finden von Sprintern, die nach dem Startschuss hinfallen, schnell wieder aufstehen und nicht selten als Erster durchs Ziel laufen. Ihr Durchhaltevermögen belohnt sie mit dem Sieg – trotz anfänglicher Niederlage.

BULLSHIT RULE #44
TU, WAS DEIN JOB VON DIR VERLANGT

Es gibt viele Gründe, warum dies ein irreführender Ratschlag ist. Zum einen klingt er sehr nach einer Aufforderung, blinde Loyalität gegenüber dem Arbeitgeber oder Auftraggeber walten zu lassen. In diese Falle sind auch in der jüngeren Geschichte viele Untergebene getappt – ob an der Wall Street oder bei Volkswagen. Stellen Sie sich vor, Sie sind Softwareentwickler in Wolfsburg und entdecken, dass die Abgassoftware falsche Zahlen ausspuckt. Nachdem Sie dies Ihrem Abteilungsleiter mitgeteilt haben und er wiederum mit seinem Chef gesprochen hat, werden Sie aufgefordert, den Vorfall zu vergessen. Solche Geschichten aus unterschiedlichen Branchen werden derzeit wohl in vielen Gerichtsprozessen aufbereitet – weltweit. Auch in der Politik sind solche Vorkommnisse nicht selten. Ist es also eine gute Idee, sich mitschuldig zu machen, nur weil es der Job angeblich verlangt? Natürlich nicht. Denn wenn es hart auf hart kommt, ist es mit der Loyalität Ihres Arbeitgebers Ihnen gegenüber auch nicht mehr weit her.

Zum anderen sollte Ihr Job auch jederzeit der Frage standhalten, ob er nach wie vor der richtige für Sie ist. Viele Menschen haben nach der schulischen Ausbildung einen Job angenommen, einfach, um damit zu beginnen, Geld zu verdienen. Und da wir Menschen uns schnell an Dinge gewöhnen, hinterfragen wir bald nicht mehr, ob es eigentlich unser Traumjob ist. Diese Frage sollten Sie jeden Morgen, wenn der Wecker klingelt, begeistert mit Ja beantworten können. Ansonsten ist es Zeit, sich nach etwas Neuem umzusehen.

Wer an seiner Karriere arbeiten will, muss nicht nur das tun, was der Job von einem verlangt. Man muss auch tun, was der nächsthöhere Job von einem verlangt. Eine eiserne Karriere-Regel besagt: Wer weiterkommen will, muss mehr tun, als verlangt wird. Darum schauen Sie lieber, was Ihr Vorgesetzter oder Ihr erfolgreicherer Mitbewerber tut. Wer durch überdurchschnittliche Leistung auffällt, wird vorgeschickt und befördert. Kein Chef belohnt Mittelmaß. Sie müssen auch erkennen, dass sich manche Jobs dramatisch verändern. Sie müssen proaktiv an der Zukunftsfähigkeit Ihres Jobs arbeiten – ob Sie nun angestellt oder selbstständig sind. Wenn sich die Rahmenbedingungen auf der Welt ändern, muss sich auch Ihre Arbeit dem anpassen. Hier müssen Sie auch den Mut entwickeln, sich gegen Traditionen zu stellen. Letztlich steht Ihr eigenes Überleben auf dem Spiel. Das sollten Sie auch durch falsche Loyalität nicht riskieren. ■

BULLSHIT RULE #45
VERGISS NIE, WO DU HERKOMMST

Wirklich zu vergessen, ist für den Menschen kaum möglich. Alles in unserem Leben ist im Unterbewusstsein abgelegt – tatsächlich sogar jede Sekunde unseres Lebens. Der Ratschlag soll uns eher als Mahnung dienen, uns entsprechend zu verhalten. Und dieser Ratschlag hat leider viele Karrieren erst gar nicht beginnen lassen. Die Wahrheit ist nämlich: Es kommt nicht darauf an, woher Sie kommen, sondern darauf, wohin Sie gehen. Konzentrieren wir uns zu sehr auf die Vergangenheit und definieren uns durch sie, sind wir verdammt, in ihr zu leben. Nur weil Sie aus einem armen, versoffenen Elternhaus kommen und in einer Plattenbausiedlung mit hoher Kriminalität aufgewachsen sind, muss das nicht Ihre Zukunft bestimmen. Sie können diesen Teil Ihrer Lebensgeschichte nicht auslöschen. Aber Sie müssen auch nicht zulassen, dass Ihr Handeln davon beeinflusst oder bestimmt wird. Sie sind Ihren Eltern nichts schuldig. Sie selbst durften sich schließlich nicht aussuchen, wo Sie geboren wurden, und für all den Unsinn, den Ihnen Ihre Eltern möglicherweise eingeredet haben, sind wohl eher diese Ihnen etwas schuldig – nicht umgekehrt. Sie dürfen vergessen, wo Sie herkommen. Zumindest im übertragenen Sinne, dass Sie Ihrer Vergangenheit nichts schuldig sind. Sie müssen für die Zukunft leben und können vollends selbst bestimmen, wie Sie sich definieren.

Der Richter über Ihre Möglichkeiten im Leben sind nur Sie selbst. Hat man Ihnen zu Hause eingetrichtert »Wir sind bescheiden und lassen anderen den Vorrang« ist das eher als hinderlicher, ja anmaßender, nicht als guter Rat zu werten. Auch das Gegenteil kann Ihnen im Weg stehen. Hat man Ihnen eingebläut »Wir geben uns nicht mit solchen Leuten ab«, steht das womöglich Ihrem Traum im Weg, ein Wohltätigkeitsprojekt für »solche Leute« ins Leben zu rufen. Sie müssen die Glaubenssätze sehr genau analysieren, denen Sie früher ausgesetzt waren. Sonst sind Sie dazu verdammt, die Bürden Ihrer Vorfahren zu tragen. Sie allein entscheiden über Ihre Lebensziele, Sie definieren sich selbst und Sie entscheiden, welche Grenzen Sie akzeptieren und welche nicht. Sie können im Leben alles tun, Sie müssen nur die Konsequenzen dafür tragen. ■

BULLSHIT RULE #46
VERLIERE DICH NICHT IN DETAILS

Es ist eine Kunst, ein Vorhaben ohne Anspruch auf völlige Perfektion zu beginnen, aber dennoch zunehmend auf Details zu achten. Wenn ein Chirurg zu Beginn seiner Ausbildung den toten Frosch noch nicht perfekt aufschneidet, ist das nicht ungewöhnlich und in Ordnung. Irgendwie muss man ja anfangen. Aber spätestens bei Operationen am lebenden Menschen sollten sich Angehörige dieser Zunft um jedes Detail kümmern. Auch von Piloten wünschen wir uns das. Details entscheiden sehr häufig, wenn nicht sogar immer, über Erfolg und Misserfolg. Richtig ist, dass es nichts bringt, sich in Details zu verlieren, ohne je anzufangen. Aber Schritt für Schritt müssen auch die Details stimmen.

Der US-amerikanische Erfinder Thomas Alva Edison wollte eine Glühbirne entwickeln, die jedes Haus mit elektrischem Licht erhellt. Das Grundkonstrukt war schnell gebaut. Doch das Detailproblem war der Glühdraht. Alle Materialien, die er ausprobierte, verglühten zu schnell. An dauerhaftes Licht war damit nicht zu denken. Er testete den geschichtlichen Aufzeichnungen zufolge 10 000 verschiedene Materialien, bis er einen Glühdraht aus Wolfram entwickelte und erfolgreich einsetzte. Das Konzept der Glühbirne gab es bereits, nur nützte es niemandem, da die

Glühbirnen der anderen Erfinder nicht dauerhaft leuchten konnten. Edison war der Erste, der so detailversessen war, bis er den richtigen Draht fand. Solche Erfindergeschichten können Sie viele finden. Die meisten Menschen, die als Erfinder einer Innovation gelten, sind es eigentlich gar nicht. Andere vor ihnen kamen bereits auf die Idee. Aber die Personen, die wir heute als die Erfinder feiern, sind diejenigen, die sich auf die Details konzentrierten und etwas massentauglich machten.

Wenn Sie eine Idee haben, beginnen Sie unverzüglich mit der Umsetzung. Akzeptieren Sie, dass es zu Beginn holpert und stockt. Aber je mehr Sie auf die Details achten, desto schneller reift Ihre Idee zu einem gut funktionierenden Konzept.

BULLSHIT RULE #47
VERMEIDE FEHLER

Einer der dümmsten Ratschläge, die Sie bekommen können, ist Fehler zu vermeiden. Denn er beeinflusst Ihr Denken und damit Ihre Handlungen auf fatale Weise. Fest steht: Niemand macht gerne Fehler, denn wir kommen uns dabei dumm vor. Wir sehen all die anderen Menschen, die scheinbar fehlerfrei durchs Leben gehen, und fragen uns bei unseren eigenen Fehlern, warum das immer nur uns passiert. Die Wahrheit ist natürlich, dass alle anderen ebenfalls Fehler machen, wir aber zu sehr mit uns selbst beschäftigt sind, um sie bei anderen wahrzunehmen. Für Sie ist das ein Lichtblick: Die anderen nehmen Ihre Fehler auch nicht wahr, denn sie sind ebenfalls mit sich selbst beschäftigt.

Zu denken, wir sollten Fehler vermeiden, versetzt uns unbewusst ist eine inaktive Lage. Denn um mögliche Fehler zu vermeiden, beginnen wir Dinge gar nicht erst. Um im Leben Erfolg zu haben, müssen wir uns aber zwingend fortbewegen – und dabei auch Fehler zulassen. Denn insbesondere dann, wenn wir neue Dinge tun, müssen wir durch Fehler lernen. Glauben Sie ernsthaft, ein Kunstradfahrer ist zu Beginn seiner Karriere nie vom Rad gefallen? Jeder ist sich dessen bewusst, dass die meisten blauen Flecken zu Beginn einer Tätigkeit entstehen. Durch Wiederholung werden wir dann immer besser. Natürlich wird ein Kunstradfahrer auf Meisterschaftsniveau kaum noch Fehler machen – aber nur, weil er sich zu Beginn erlaubt hat, viele davon zu machen. Und selbst Profisportler müssen sich vor Wettkämpfen zwingen, sich nicht auf die Vermeidung von Fehlern zu fokussieren, sondern auf die eingeübte Performance. Ein Profisportler erlaubt sich nicht, an verpatzte Figuren zu denken. Werden ihm trotzdem Fehler unterlaufen? In der Regel ja, aber es wären noch viel mehr, wenn er sich auf die Fehler konzentrieren würde.

Auch Sie haben das sicherlich schon mal erlebt. Sie haben sich eingeredet: »Das darf jetzt nicht passieren. Das darf ich nicht vergessen.« Und letztlich ist dann leider genau das eingetreten. Unser Gehirn kann verneinende Botschaften nur sehr schwer verarbeiten. Daher fällt es auch so vielen Süchtigen schwer, nicht mehr zu rauchen oder zu trinken. Wir können immer nur ein Ziel setzen, aber kein »Nicht-Ziel«.

Besonders, wenn Sie im deutschsprachigen Raum leben, werden Sie Ihre Mühe damit haben, Fehler als etwas Wertvolles anzunehmen. Denn in unseren Breitengraden achten wir sehr auf Fehler und prangern diese auch öffentlichkeitswirksam an. Ihre Aufgabe besteht darin, diesen Sichtweisen keinen hohen Stellenwert mehr einzuräumen und sich mehr auf sich und Ihr Fortkommen zu konzentrieren. ∎

BULLSHIT RULE #48
WENN DU WILLST, DASS ES ERLEDIGT WIRD, MACH ES SELBST

Fakt ist: Sie können nicht alle Probleme dieser Welt allein lösen. Meist noch nicht einmal in Ihrem eigenen beruflichen Umfeld. Es ist gut, wenn Sie den Stein ins Rollen bringen. Aber auf Dauer macht es nur Sinn, Aufgaben in verschiedene Hände zu legen. Das ist auch der Unterschied zwischen einem Selbstständigen im ureigenen Sinne des Wortes und einem Unternehmer. Ersterer macht tatsächlich alles selbst. Er schafft die Aufträge ran, schreibt die Angebote, fertigt die Produkte oder erbringt die Dienstleistung, schreibt die Rechnung und macht die Buchhaltung. Da der Tag nur 24 Stunden hat, ergibt sich automatisch ein Deckel auf dem Erfolg. Sie werden als Selbstständiger niemals mehr erreichen, als Sie in die 24 Stunden hineinpressen können. Damit relativiert sich automatisch der gut gemeinte Ratschlag, es gleich selbst zu tun, weil Sie dann nur eine bestimmte Anzahl an Aufgaben erledigen können. Und klar ist auch: Während Sie eine Sache erledigen, bleibt eine andere liegen. Sie schaffen zwar etwas, aber nicht alles. Womöglich bleiben eben genau die wichtigen Aufgaben liegen, weil Sie gerade mit unwichtigen Aufgaben beschäftigt sind.

Das Gegenteil tun Unternehmer und Initiatoren. Sie haben größere Ziele vor Augen und wissen, dass sie dazu mehr als ihre eigenen 24 Stunden benötigen. Ein Unternehmer stellt Mitarbeiter ein, und zwar mit ganz unterschiedlichen Qualifikationen und Fähigkeiten. Dadurch kann er verschiedene Prozesse gleichzeitig erledigen lassen. Auch der Papst leitet nicht alle Gottesdienste auf der Welt selbst. Er sitzt, ebenso wie der Unternehmer, in der Schaltzentrale und gibt die Richtung vor. Könnte der Initiator einige dieser Dinge ebenfalls erledigen – vielleicht sogar besser? Das ist gut möglich, aber es wäre dennoch kein sinnvoller Einsatz seiner Ressourcen. Eine Organisation zu führen und Produkte oder Ideen zu entwickeln, erfordert viel Konzentration und strategisches Denken. Wären Sie als Unternehmer den ganzen Tag damit beschäftigt, Papiere zu lochen und in den richtigen Ordner abzulegen, würden Sie nicht weit kommen. Trotzdem verbleiben manchmal wichtige Aufgaben bei Ihnen, weil Stellen noch nicht besetzt sind, weil Sie womöglich die höchste Qualifikation für eine wichtige Tätigkeit mitbringen oder weil Sie bei betrieblichen Notlagen auch mal selbst einspringen müssen, so wie ein Kapitän das Ruder übernehmen muss, wenn der Steuermann ausfällt. Aber auch dann muss Ihr Bestreben immer sein, Hilfe von anderen zu erhalten und sich wieder auf die Top-Management-Position zurückzukämpfen. Nur so bleibt für den Unternehmer die Konzentration auf das Wesentliche möglich. ■

BULLSHIT RULE #49
WIEDERHOLUNG FÜHRT ZUR MEISTERSCHAFT

Wiederholung ist wichtig, führt aber nicht automatisch zur Meisterschaft. Denn nur weil man etwas immer und immer wieder tut, kommt man nicht zwangsweise zu dem Ergebnis, das man sich erhofft. Diejenigen, die Meister in etwas werden – zum Beispiel im Sport –, machen kleine Dinge besonders gut oder effektiv. Viele Menschen, die eine Sportart lernen, bringen sie sich zu Beginn selbst bei. Sie nehmen einen Tennisschläger in die Hand und dreschen auf den Ball ein. Tagein, tagaus. Wenn sie ihre Fertigkeiten dann irgendwann einem Trainer oder Profispieler präsentieren, weil sie sich wundern, warum sie so selten Punkte machen, wird dieser ihnen wahrscheinlich sagen, dass sie einige grundlegende Fehler machen. Sie haben sich die Sportart falsch beigebracht und es wird sehr schwer werden, falsche Gewohnheiten wieder abzulegen.

Disziplin und Routine führen in erster Linie nicht zur Meisterschaft, sondern nur zu einer Gewohnheit. Ob diese Gewohnheit richtig und förderlich ist, ist eine ganz andere Frage. Wenn zehn Profischwimmer im olympischen Becken gegeneinander antreten, sind sie alle annähernd gleich gebaut, sind die besten ihrer Klasse und schwimmen alle ziemlich gleich schnell. In der Oberliga geht es aber nicht um Sekunden, sondern um Millisekunden. Kleine Dinge entscheiden über Sieg und Niederlage. Profis trainieren nicht nur, sie perfektionieren auch die Kleinigkeiten, die der Laie noch nicht einmal wahrnimmt.

Beobachten Sie also immer sehr genau, auf welche Weise Sie Dinge lernen und dann wiederholen. Auch die Quelle Ihres Wissens ist entscheidend. Nicht nur Tätigkeiten, sondern auch Denkweisen festigen sich durch Wiederholung. Vieles von dem, was wir »wissen«, stammt aus unseriösen Quellen. Und noch mehr stammt aus unserer Erziehung. Dass Eltern keinen »Führerschein« für ein Kind machen müssen, ist nicht unbedingt ein Vorteil. Kinder sind der Willkür ihrer Eltern hilflos ausgeliefert. Denken Sie nur an die Kinder von Radikalen, die mit einem Gedankengut aufwachsen, das ihr ganzes Leben negativ beeinflussen wird. Womöglich bis ins Gefängnis hinein. Die Quelle ihres Wissens ist verseucht und sie müssen zuerst der familiären Loyalität abschwören, um damit zu beginnen, neue Denkmuster zu entwickeln. Erst dann werden sich auch andere Ergebnisse im Leben einstellen können. ■

BULLSHIT RULE #50
ZEIGE KEINE SCHWÄCHE

Erfolgreiche Menschen wissen, was sie können, aber auch, was sie nicht können. Beides ist gleichbedeutend wichtig. Wir alle kommen mit Qualitäten auf die Welt, die wir zu unserem Vorteil nutzen können und die uns zum Erfolg verhelfen können. Je früher Sie sich dieser Qualitäten bewusst sind, desto besser. Gleichzeitig müssen Sie sich aber auch eingestehen, dass Sie nicht alles können – oder zumindest nicht besonders gut können. Diese Sichtweise gilt auch für Charaktereigenschaften und Talente, die uns angeboren sind. Wir sind eben für einige Dinge auf dieser Welt besonders prädestiniert und für andere weniger. Nehmen wir an, Sie wurden mit einer außergewöhnlichen Stimme geboren, mit der Sie zum Beispiel dafür prädestiniert wären, ein erfolgreicher Sänger oder Synchronsprecher zu sein. Gleichzeitig leiden Sie vielleicht an Dyskalkulie. Menschen, die an dieser Störung leiden, haben kein Zahlenverständnis im üblichen (schulisch anerkannten) Sinne und können nur schwer rechnen. Als Stimmwunder haben Sie also einen großen Vorteil im Beruf, müssen aber gleichzeitig zu Ihrer Rechenschwäche stehen. Es wäre töricht, Ihre wertvolle Zeit darauf zu verwenden, besser rechnen zu lernen. Selbst wenn Sie Ihr Rechenniveau um zehn oder zwanzig Prozent steigern könnten, haben Sie noch immer nicht viel gewonnen. Investieren Sie diese Zeit allerdings in Ihre Stimmkarriere, können Sie Ihre Ergebnisse verzehnfachen. Nur so handeln Sie nach dem ökonomischen Prinzip – und dafür müssen Sie nicht mal rechnen können. Sie müssen nur so ehrlich sein, sich für Ihre Schwächen Hilfe zu holen und ganz selbstbewusst zu Ihren Schwächen stehen. Ein erkanntes Problem ist ein halb gelöstes Problem.

Sie haben einen weiteren Vorteil, wenn Sie zu Ihren Schwächen stehen. Sie sind nicht angreifbar. Menschen zeigen anderen gern ihre Fehler auf. Oder sie wollen sie zum Sündenbock für etwas machen. Wenn Sie jedoch von vornherein zu Ihren Schwächen stehen, die womöglich für einen Fehler verantwortlich waren, haben Sie der Diskussion jeglichen Zündstoff genommen. Wenn Ihnen jemand einen Vorwurf macht und Sie kontern, dass Sie dort nun mal eine Schwäche haben, haben Sie die Zügel zurück in der Hand. Sie dürfen sogar so weit gehen und verkünden, dass Sie nicht vorhaben, an dieser Schwäche zu arbeiten. Damit haben Sie auch künftigen Enttäuschungen vorgebeugt. Sie werden übrigens feststellen, dass Menschen Sie für Ihre Ehrlichkeit respektieren werden. Es wird Ihnen verrückterweise als Stärke ausgelegt, wenn Sie zu Ihren Schwächen stehen. ■

EIN PAAR WORTE ZUM SCHLUSS

Sie sehen, es gibt eine Menge Regeln und vorgebliche Lebensweisheiten, die wir völlig ahnungslos mit uns durchs Leben tragen, die aber einen sehr negativen Einfluss auf unseren Erfolgsweg haben können. Glückwunsch, wenn Sie viele dieser Regeln schon vor langer Zeit über Bord geworfen haben. Aber selbst wenn Sie erst heute beginnen, diese Regeln zu hinterfragen, werden Sie künftig ein erfüllteres Leben führen.

Die Limitierungen, die diese Geister der Vergangenheit mit sich brachten, können nur an Kraft verlieren, wenn Sie es denn entscheiden. Denn diese Entscheidung können einzig und allein Sie selbst treffen. Sie sind ja keineswegs allein mit diesen Lastern. Millionen von Menschen da draußen fragen sich jeden Tag, warum es in manchen Bereichen ihres Lebens immer noch hakt und sie nicht ihr volles Potenzial ausschöpfen. Ich mache mir keine Illusion, dass jemand von uns es jemals schaffen wird, sein volles Potenzial auszuschöpfen. Aber bei manchen Zeitgenossen vermute ich, dass sie ziemlich nah dran sind.

Ich habe einige Freunde und Experten gebeten, ihre eigene Erfahrung mit unsinnigen Regeln offenzulegen – nicht unbedingt mit solchen, die in diesem Buch enthalten sind, es gibt ja genug –, und was es ihnen gebracht hat, auf diese Regeln zu pfeifen. Sie lesen sie ab Seite 112. Einige dieser Menschen werden Sie aus den Medien kennen.

Es sind Bestsellerautoren, erfolgreiche Unternehmer und Prominente aus dem öffentlichen Leben, von denen Sie vielleicht gar nicht dachten, dass auch sie einmal an Bullshit Rules glaubten. Wenn Sie selbst künftig Regeln hinterfragen und in der Folge auch mal brechen, gehören Sie zwar nicht mehr zur großen Herde der braven Bürger. Aber dafür zu einer sehr viel exklusiveren Gruppe. Ich wünsche Ihnen viel Erfolg dabei!

ERFOLGSMENSCHEN ALS »REGELBRECHER«

HERMANN SCHERER

***SPIEGEL*-BESTSELLERAUTOR UND BUSINESSEXPERTE**

»Wenn ich es mache, dann mache ich es richtig.« Keinen Satz habe ich öfter gehört – fast immer nur von Verlierern, Quatschtüten und nur scheinbaren Qualitätsverfechtern. Meist haben sie dann nichts richtig oder – noch schlimmer – sie haben gar nichts gemacht. Viele warten zu lange auf den perfekten Moment, auf den richtigen Zeitpunkt. Selten ist alles passend oder der Zeitpunkt perfekt. Wer wartet, bis alles passt, der ist meist zu spät. Der Weg zur Perfektion führt immer durch das Tal der Imperfektion. Während die einen darüber reden, die Dinge zu tun, tun andere sie schon längst. So viele trauen sich nicht, weil sie sich sagen: »Was sollen die Leute denken!« Kein Satz hat mehr Träume zerstört als dieser.

JÖRG LÖHR
EX-NATIONALSPIELER UND ERFOLGSTRAINER

》》Gut Ding will Weile haben!« – Quatsch!

Hast du diesen Satz auch schon öfter gehört? Doch wenn eine richtig gute Idee auf Leidenschaft und maximalen Einsatz trifft, kann dieser Satz einfach pulverisiert werden.

Beispiele gefällig? Enes Seker, 25 Jahre, hat mit 8000 Euro Startkapital seit seiner ersten Eröffnung vor gut zwei Jahren mittlerweile über 130 Royal-Donuts-Filialen aufgemacht. Die Idee: Luxusdonuts, die für Geschmacksexplosionen sorgen. Aktuell eröffnet er jede Woche zwei neue Filialen.

Und Ähnliches habe ich auch auf meinem Spielfeld der Persönlichkeitsentwicklung gerade erlebt. Zum 25-jährigen Jubiläum der Jörg Löhr Akademie standen wir wieder vor einem neuen Rekordjahr – und wurden plötzlich durch Corona und dem folgenden Lockdown aus allen Träumen gerissen.

Zwei Monate später gingen wir mit einer neuen, einmaligen Idee »all in«: mit unserem Online-Jahres-Coaching-Programm GameChanger. Mit dem Ergebnis, dass wir ein Jahr später allein online mehr Umsatz machen als mit der ganzen Company im Rekordjahr vor Corona.

Gut Ding kann eben auch schnell durch die Decke gehen.

İLKAY ÖZKISAOĞLU
MANAGEMENTBERATER UND LINKEDIN-EXPERTE

>> Von 1993 bis November 2015 habe ich eine Bilderbuch-Corporate-Karriere hingelegt. Das Besondere war, ich habe einen Migrationshintergrund und die Karriere begann und endete in meinem Ausbildungsbetrieb nach 22 Jahren auf meinen eigenen Wunsch. Meine Führungskräfte und der Inhaber des Mittelständlers fanden es gut, dass ich mich immer diszipliniert in die Hierarchie einreihte. Im November 2015 realisierte ich dann meinen Traum von der Selbstständigkeit. Leider war mein »Betriebssystem« aber nach wie vor auf Hierarchie ausgelegt und ich hatte immer noch Angst, eigenständig hervorzutreten. Michael Gervais empfiehlt in seinem Buch*: Lege deine FOPO [Fear of Public Opinion] ab! Und genau das war es, was mich zurückhielt. Immer die Angst, was andere von mir denken könnten.

Bin ich zu laut? Poste ich zu oft? Poste ich Sinnloses? Alles Bullshit-Gedanken, die mich an meiner Leistungsentfaltung hinderten. Ich lege meine FOPO am 7. Januar 2019 ab. Den Rest meiner Geschichte erfährst du auf LinkedIn.

---

* Michael Gervais (2019). *How to Stop Worrying About What Other People Think of You*, Harvard Business Review [online] https://hbr.org/2019/05/how-to-stop-worrying-about-what-other-people-think-of-you (accessed online 06.04.2021)

PROF. DR. OLIVER POTT
SPIEGEL-BESTSELLERAUTOR UND INTERNET-MILLIONÄR

》 In den ersten Jahren meiner Unternehmen war es mir wichtig, möglichst viele Mitarbeiter zu haben. Unternehmer definieren sich ja hin und wieder darüber, wie viele Angestellte sie haben, so als sei das eine wichtige Unternehmenskennzahl wie zum Beispiel Gewinn, Umsatz oder Eigenkapitalquote.

Mit der Zeit habe ich gelernt, dass eine große Mitarbeiterzahl meinen Weg als Unternehmer nicht immer erleichtert, sondern oftmals erschwert. Denn ein Mitarbeiter braucht Prozesse und kostet Opportunitätskosten, auch wenn beides zunächst nicht sichtbar ist: Onboarding, Personalverwaltung, Gehaltsabrechnungen, Renten- und Arbeitslosenkassen, regelmäßiger Führungsaufwand, Controlling-Prozesse, Urlaubsverwaltung, Vertretung im Krankheitsfall usw.

Für das Unternehmenswachstum sind Mitarbeiter ohne Zweifel wichtig – aber nur dann, wenn sie wesentlich zur Produktivität beitragen und über einen längeren Horizont, beispielsweise 3 oder 5 Jahre, gut beschäftigt sein werden.

Bis dahin beauftrage ich besser einmal mehr als zu wenig Freelancer, die ich viel flexibler einsetzen kann. Sie zählen zwar nicht zum »Headcount« und damit zum Unternehmer-Ego, machen aber das eigene Leben oftmals leichter.

DR. DR. RAINER ZITELMANN
INVESTOR, HISTORIKER UND SOZIOLOGE

»Bescheidenheit ist eine Zier« – ein typischer Verlierer-Spruch. Ich war nie bescheiden, warum auch? Ich habe in verschiedenen Lebensbereichen Leistungen erbracht, auf die ich stolz bin. Ich habe mit 64 Jahren durch Kraftsport eine Figur, die besser ist als von 99,9 Prozent meiner Mitmenschen. Und das auf natürlichem Weg, durch Training und gesunde Ernährung. Ich habe zwei Doktorarbeiten geschrieben, für die ich international viel Anerkennung bekommen habe. Ich habe ein sehr erfolgreiches Unternehmen aufgebaut und als Investor viele Millionen verdient. Und zwar stets durch ehrliche Arbeit und ohne andere Menschen zu schädigen. Ich habe immer die schönsten Freundinnen gehabt – intelligente Persönlichkeiten. Ich habe 25 Bücher geschrieben, die in zahlreichen Ländern erfolgreich sind, ich schreibe für renommierte Medien in vielen Ländern – in Europa, Asien und den USA. Bitte sagen Sie mir, warum ich bei all dem bescheiden sein sollte? Und überlegen Sie bitte, ob ich all das erreicht hätte, wenn ich zufrieden wäre mit einer Durchschnittsexistenz – wie die meisten Menschen.

ANDREAS BUHR
UNTERNEHMER, REDNER UND AUTOR

»Schuster, bleib bei deinem Leisten.« Dieser Satz, den mein Vater oft gesagt hat, ist sicher gut gemeint. Denn wer sich an die ursprüngliche Bedeutung (aus dem Jahre 370 v. Chr!) hält, geht keine neuen Wege und damit auch kein Risiko ein. Wer also tut, was er schon immer getan hat, der bleibt in dieser Komfortzone. Wer jedoch Dinge verbessern, wer seine Ergebnisse steigern will, der muss bereit sein zu ändern. Der muss bereit sein, neue Wege zu gehen, dazuzulernen oder »seinen Leisten zu verlassen«!

Die Überwindungsprämie ist das Abenteuer, ist Wachstum. Sie macht den einen, wichtigen Teil des Lebens aus. Und nur, wer diesen Teil kennt, der weiß seine Komfortzone zu schätzen. Sie ist, was sie ist, durch die Existenz des Abenteuers. Der Satz »Schuster, bleib bei deinem Leisten« stimmt also nur teilweise. Das Leben ist komplementär gebunden, die eine Seite existiert, indem es das Gegenteil davon gibt. Es sollte heißen: »Schuster, verlasse immer wieder deinen Leisten.«

HARALD GLÖÖCKLER
DESIGNER UND MEDIENPERSÖNLICHKEIT

>> In meinem Leben – wie wahrscheinlich in jedem anderen auch – gab es viele schwachsinnige Regeln, die man versucht hat mir aufzuzwingen. Meist geschieht es sicherlich nicht aus Böswilligkeit, sondern einfach, weil man es nicht besser weiß und weil unsere Altvorderen in ihrer Aufgabe uns etwas beizubringen eben oftmals ungefiltert genau das weitergeben und nachplappern, was man ihnen selbst vor langer Zeit eingebläut hat. Eine der schwachsinnigsten Weisheiten ist sicherlich »weniger ist mehr«. Weniger ist niemals mehr, weniger ist immer weniger und mehr ist immer mehr. So einfach ist es, und jeder, der ein bisschen nachdenkt, wird zu derselben Erkenntnis kommen. Mit dieser Aussage versucht man, Menschen auf dem Boden zu halten, klein zu halten, damit sie mit dem Wenigen, das sie haben, zufrieden sind und nicht nach mehr oder Höherem streben und am Ende des Tages auch noch anfangen zu rebellieren oder eine Revolution starten. Wenn weniger wirklich mehr und gottgefällig wäre, hätte der Apostolische Stuhl seine Reichtümer längst an die Bedürftigen verschenkt.

DIRK KREUTER
VERKAUFSTRAINER UND BESTSELLERAUTOR

>> Der erste große Denkfehler: Ich kann nicht verkaufen, ich brauche nicht verkaufen und eine gute Leistung verkauft sich von allein. Mit diesen Glaubenssätzen habe ich mir Jahre lang selbst im Weg gestanden. So geht es heute noch den meisten Unternehmern, Selbstständigen und Verkäufern.

Der zweite Denkfehler: Es ist schwer, dauert lange und ist anstrengend. Auch das stimmt nicht. Ich kenne viele Menschen, die im richtigen Moment die richtigen Entscheidungen getroffen und konsequent verfolgt haben und innerhalb von wenigen Tagen unglaublich erfolgreich wurden.

Mein wichtigster Leitspruch ist: Du bist dein einziges Limit! Es sind nicht die gesellschaftlichen Normen, Märkte, der Wettbewerb oder zu wenig Geld da draußen. Ich und mein Denken, meine Glaubenssätze und meine Überzeugung sind mein einziges Limit.

LORENZO SCIBETTA
MUSIKER UND COACH

>> Lori, das mit der Gitarre und Lederjacke – das wird nicht funktionieren!«

Diesen Satz habe ich damals von Stefan Frädrich gehört und er hat mich komplett weggeschossen. Ich habe mehrere Wochen daran gezweifelt, ob das wirklich funktioniert, ob das alles so richtig ist. Irgendwann stand ich vorm Spiegel und habe trotzdem entschieden: Ich ziehe das durch, ich mache das!

Bei der »Gedankentanken«-Ausbildung habe ich Stefan dann gefragt, ob es vorher schon jemanden gab, der das in der Form wie ich gemacht oder versucht hat?

Stefan sagte nur: »Ne Lori, gab es nicht!«

In dem Moment ging mein Kopf aus und mein Herz an: »Was fällt dir ein, mir zu sagen, dass das nicht funktioniert, wenn du gar keine Referenzwerte hast? Woher willst du wissen, dass das nicht funktioniert?« Stefan grinst mich an, dreht sich um und geht in den Seminarraum rein. Nur ein Test?

Wenn jemand dir sagt, dass etwas nicht geht, dann ist es das erste Gesetz, die erste Regel, die du brechen darfst.

Höre alles, glaube nichts!

Mach dir dein eigenes Bild.

Hinterfrage!

FELIX THÖNNESSEN

TV-COACH UND START-UP-EXPERTE

>> Such dir einen sicheren Job« – ein Satz, den ich während meiner Schulzeit mehr als einmal gehört habe. »Werd doch Bankkaufmann oder studier Jura, Felix, das wird immer gesucht.« Wie sehr sich die Welt seitdem verändert hat. Es gibt keine sicheren Jobs mehr, sicher ist nur eins: die Veränderung. Was aber noch wichtiger ist: Möchtest du

deine eigene Sicherheit in die Hände von jemandem anderem geben oder selbst darüber bestimmen?

Das Gefühl, für sich und sein Business verantwortlich zu sein, ist eine große Verantwortung, aber aus dieser Verantwortung entspringt auch Selbstbestimmung. Du bestimmst, was in deinem Leben passiert, und bist für deine eigene Sicherheit zuständig – mach was draus!

FRANZISKA MÜLLER

COACH UND AUTORIN

>> Das macht man nicht!« – Mit dieser lebenslimitierenden Aussage lebt es sich extrem eingeengt und total langweilig! Zurückhaltung und Anpassung waren dementsprechend in meiner Kindheit vorprogrammiert und trotz meiner Karriere beim Fernsehen fühlte es sich an, als befände ich mich im Ebbe-Modus. Mein Leben plätscherte vor sich hin und die einzig großen Wellen waren Monotonie und Unterforderung. Für meinen wahren Erfolg formulierte ich den Satz um: »Doch, ich mach's, und zwar auf meine Art!«

Natürlich muss niemand, wie ich, in Hubschraubern, Fahrstühlen oder auf dem Surfbrett coachen, aber jeder sollte seine Angst vor Andersartigkeit verlieren. Den GO-LIVE-Button drücken wir nicht, indem wir uns anpassen, sondern indem wir aus der Reihe tanzen! Relevant werden wir, indem wir uns und andere faszinieren!

TOBIAS BECK
SPIEGEL-BESTSELLERAUTOR UND SPEAKER

》Nein!« ist ein ganzer Satz. Das durfte ich in den letzten Jahren mit Blut, Schweiß und Tränen lernen, obwohl ich zum höflichen Ja-Sager erzogen wurde. Oft genug bin ich Dampfplauderern auf den Leim gegangen, obwohl mein inneres Navigationssystem mich längst warnte. Aus falscher Höflichkeit habe ich viel zu lange zugehört, Lebenszeit verschwendet und genickt, um niemanden zu verletzen. Dabei habe ich mich und meine Werte verletzt! Diese sind mir mittlerweile wichtiger, als gemocht zu werden. Ich stelle mir einfach die Frage: Gibt es für XY ein bedingungsloses »Ja«? Bei einem Nein sage ich auch mal: »Für dieses Gespräch stehe ich nicht zur Verfügung«, mache mir dann einen Kaffee oder spiele mit meinen Kindern.

ROGER RANKEL
VERKAUFS- UND MARKETINGEXPERTE

》Schon seit unserer Jugend lernen wir, dass wir entweder gewinnen oder verlieren. So kategorisieren wir immer alles in »Gewinn« oder »Verlust«.

Regelbrecher wissen aber, dass es besser ist, die Dinge in »Gewinn« oder »Sinn« einzuordnen. Wenn du also nicht im klassischen Sinn gewinnst, hat der vermeintliche Verlust wenigstens einen tieferen Sinn ... eine Erkenntnis. Zumindest dann, wenn du daraus eine Lehre für dich ableitest.

Und so ist die Denke »Gewinn« oder »Sinn« die weit bessere Denke. So richtig bewusst wurde mir das aber erst, als ich mich mit 20 Jahren selbstständig gemacht hatte. Das war mein Klick-Moment. Zum Glück, denn wer einmal erkannt hat, dass alles für einen selbst und nicht gegen einen selbst ist, der wird immer der Gewinner im Leben sein. Immer.

PATRICIA STANIEK

PROFILERIN UND BUCHAUTORIN

>> Das tut man nicht!« – habe ich stets zu hören bekommen, hat mich aber nie interessiert. Ich habe immer getan, was ich wollte. Ich habe meinen Mann am 15. November 1984 kennengelernt und bin am selben Tag bei ihm eingezogen. Mit dem Erfolg, dass wir uns tatsächlich irgendwann mal gegenseitig den Sabber abwischen werden. Sei vernünftig und mach dich nicht selbstständig ... Ich war vernünftig und tat das, was ich für richtig hielt, und machte mich selbstständig. Das macht man so nicht, sagten die PR-Gurus, doch ich tat das Gegenteil und blicke auf 22 erfolgreiche Jahre als Selbstständige zurück.

Ich sage, was ich denke, halte nie den Mund, wenn man ihn mir verbieten will, bin manchmal nicht nett, zeige durchaus Ecken und Kanten, denn ich gehe davon aus, dass die Businesswelt kein Ponyhof ist. Ich überprüfe die

Erwartungen an mich und rechne auf, was sie mich kosten und ob ich den Preis bezahlen will.

RAYK HAHNE

EX-PROFISPORTLER UND UNTERNEHMENSBERATER

》Du bist nicht genug, du kannst das nicht!«

Immer wieder habe ich das gehört. Ob im Sport, in der Ausbildung oder im Unternehmertum. Als Ex-Profisportler liegt mir der Wettkampf im Blut, und ich habe es immer als Motivation gesehen, das Gegenteil zu beweisen. Mit zunehmendem Alter wurde mir klar, dass ich selbst meine Entwicklung bestimme und nur mir selbst gegenüber Rechenschaft schulde. Seitdem ich mich nur noch mit mir selbst vergleiche und meine eigene Weiterentwicklung in den Fokus stelle, läuft mein Leben entspannter und erfolgreicher. Denn kein Konkurrent treibt einen so stark wie der innere Drang, Grenzen auszutesten und diese zu verschieben.

BODO SCHÄFER
INTERNATIONALER BESTSELLERAUTOR UND MONEY-COACH

》 Ich bin Legastheniker. Meine Mutter sagte mir immer wieder ihre Regel: »Wenn du nicht rechtschreiben kannst, versagst du im Leben.« Und meine Lehrer sagten: »Wer nicht schreiben kann, ist doof.« Das haben sie wirklich gesagt.

Darunter habe ich ziemlich gelitten ...

Eines Tages kam der Durchbruch. Ein Lehrer sagte zu mir: »Bodo, du kannst nicht rechtschreiben. Du bist Legastheniker. Aber Legasthenie ist ein Talentsignal. Du musst jetzt herausfinden, was du gut kannst, und dich darauf konzentrieren.«

Das habe ich gemacht: ich schreibe sehr gerne. Nicht richtig, aber ich schreibe gut. So gut, dass es viele Menschen lesen wollen: Ich habe über 15 Millionen Bücher verkauft. Sieben *Spiegel*-Bestseller. Mein Buch *Ein Hund namens Money* ist empfohlene Lektüre für alle chinesischen Schüler. Perfekt schreiben zu lernen ist für Legastheniker eine schwachsinnige Regel.

MICHAEL EHLERS
RHETORIKEXPERTE UND BUCHAUTOR

>> Ich musste ein Handwerk lernen. In meiner Umwelt zählte immer nur, was du mit deinen Händen schaffst, und es gab in meinem Dorf keine intellektuellen Vorbilder. Mein Problem dabei war nur, dass ich zwei linke Hände hatte und bis heute mit »Dingen« eher wenig anfangen kann. Aber mein Kopf funktioniert ziemlich gut. Nur hat das in meinem Dorf niemanden interessiert. Auch nicht meine Lehrkräfte. Während meiner Bundeswehrzeit aber lernte ich einen Leutnant kennen, der mich beiseite genommen hat und mir erklärte, dass ich aus seiner Sicht viel schneller begreife als meine Kameraden. Ob mir das schon einmal aufgefallen ist? Ich verneinte. Von hier an konzentrierte ich mich nur noch auf Wissensthemen. Trotz »nur« Mittlerer Reife im zweiten Bildungsweg und Handwerkerausbildung bin ich seit Jahrzehnten erfolgreicher Dozent an den St. Gallener Management-Schulen, mehrfacher Bestsellerautor und laut NDR-Moderator Frank Beecken »Deutschlands Rhetorik-Papst«. Ehrlich gesagt weiß ich nicht, wie mein Leben verlaufen wäre, wenn ich den »Dorfregeln« gefolgt und diesem Leutnant nicht begegnet wäre.

MARCEL REMUS
LUXUS-IMMOBILIENMAKLER UND UNTERNEHMER

>> Mein erster Regelbruch war bereits mit 23, als ich beschloss, Luxusmakler auf Mallorca zu werden. Zumal ich an die großen Villen kommen wollte. Jeder, den ich kannte, riet mir ab. Alle sagten, dass das nie funktionieren würde und niemand bei mir kaufen würde. Sie sagten: »Niemand vertraut dir in so jungen Jahren. Erst recht werden sie dir keine Millionen anvertrauen.« Gut, dass ich nicht auf sie gehört habe.

Zudem habe ich »alles anders als alle anderen« gemacht. Gemeint sind alle anderen Immobilienmakler. Ich wollte kein verstaubtes Anzug-Image transportieren – zurückhaltend und leise. Ich wollte es machen wie die Amerikaner. Aus mir und meinem Namen eine Marke kreieren. Auf meine Remus Lifestyle Night lade ich schon immer Hollywood-Stars ein. Und sie kommen! Hätte ich auf alle anderen gehört, hätte ich dasselbe langweilige Leben. So aber lebe ich meinen Traum.

DOMINIK GOERKE
IMMOBILIENINVESTOR UND COACH

»6-stellige Einnahmen im Monat sind unmöglich!« – Was für ein dämlicher Gedanke, bis mir klar wurde: Wenn ich etwas erleben will, muss ich etwas verursachen und ohne einen Zweifel an das Ziel herangehen und mir die Erlaubnis geben durchzustarten. Ich entwickelte das Bewusstsein, grenzenlos zu sein. Mein Verstand hat mich stets nur aufgehalten! Ich beobachtete, dass meine äußere Welt ein Spiegel meiner inneren Haltung ist. Es hatte in der Vergangenheit nie funktioniert, weil ich eine unsinnige innere Blockade hatte. Meine Erkenntnis: Hör auf zu träumen und dir etwas zu wünschen und fang an, initiativ zu werden und dir deine Bestellungen endlich an die richtige Adresse zu senden. So fand ich raus aus dem Mangel-Bewusstsein und hinein in ein Fülle-Bewusstsein! Ich hörte auch auf, nur zu hoffen, und fing an, mir wirklich zu vertrauen, zu glauben, dankbar zu sein und mich zu feiern und zu lieben! Synchronizität ist mein Zauberwort!